WURENJI NONGYONG LINGYU JIANCE
YU SHIBIE JISHU

无人机
农用领域监测
与识别技术

林正平 主编

化学工业出版社
·北京·

内容简介

本书在详细介绍无人机和遥感基础知识、无人机的遥感任务设备、遥感成图技术、图像处理技术、遥感应用及业内相关管理规定与法规等内容的基础上，将无人机遥感技术与农业进行有机结合，系统介绍无人机在植被识别、农田空间位置与土地利用监测、农作物病虫草害监测以及农田防治作业监测等方面的具体应用。力求理论完善、重点突出，使读者通过学习本书，对无人机农业领域监测与识别技术具有初步的了解与认识。

本书适用于农业工作人员遥感入门学习，也可供大专院校相关专业师生参考。

图书在版编目（CIP）数据

无人机农用领域监测与识别技术／林正平主编．—北京：化学工业出版社，2022.8

ISBN 978-7-122-41445-8

Ⅰ．①无… Ⅱ．①林… Ⅲ．①无人驾驶飞机-应用-农业环境-环境监测-研究 Ⅳ．①X83

中国版本图书馆CIP数据核字（2022）第088422号

责任编辑：刘　军　孙高洁
责任校对：李雨晴
装帧设计：王晓宇

出版发行：化学工业出版社（北京市东城区青年湖南街13号　邮政编码100011）
印　　装：北京盛通数码印刷有限公司
710mm×1000mm　1/16　印张$9\frac{3}{4}$　字数219千字
2022年8月北京第1版第1次印刷

购书咨询：010-64518888
售后服务：010-64518899
网　　址：http://www.cip.com.cn
凡购买本书，如有缺损质量问题，本社销售中心负责调换。

定　　价：60.00元

本书编写人员名单

主　　编：林正平

副 主 编：孔令伟　刘秀峰　祖英治

编写人员：（按姓名汉语拼音排序）

陈亿兵　金焕贵　孔令伟　李继文

李　鹏　林正平　刘晓波　刘秀峰

魏紫薇　于广胜　原晓华　郑红梅

祖英治

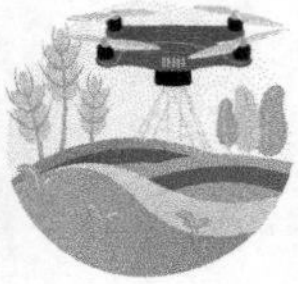

序

农业生产是人类社会存在、发展、繁荣的基础。准确、及时和可靠的农情监测信息对维护国家粮食安全意义重大。只有准确掌握粮食生产形势信息，才能科学合理地制定国家和区域社会经济发展规划，制定农产品种植及管理计划，调控粮食市场，及时合理地安排地区间的粮食运输调度，宏观指导和调控种植结构，提高相关企业与农民的经营管理水平。受全球气候变化的影响，全球极端气候、天气可能出现多发、频发、重发趋势，联合国政府间气候变化专门委员会（IPCC）第六次评估报告中明确温度升高会对全球粮食安全带来巨大风险、气候变化对农作物产量的不利影响远大于有利影响，粮食生产的不稳定性进一步加剧，更加凸显了农情监测与预警的必要性与紧迫性。

然而，传统农情信息的监测依赖于庞大的调查队伍和大量的调查工作，具有成本高、时效性差、主观性强等缺点。遥感具有覆盖范围大、探测频率高、时效性强、成本低等特点，为大范围农情信息的快速、准确、动态监测与预测提供了重要的技术手段，有效弥补了地面调查的部分缺陷。

农情遥感监测技术是以卫星或无人机为载体、以遥感技术为主体，对农业生产进行实时、全面监测分析的技术。将无人机技术及遥感技术应用到农业中是一项极为成功的领域交叉合作，低空无人机可以弥补传统监测设备的作业范围小、实时监测难等问题，又弥补了卫星遥感的工作成本高、受天气状况影响较大等问题；而遥感技术的应用则使无人机实现了对目标实时、定量、定性、定位的描述分析，以此获得的农田数据可以帮助农田管理者做到变量投入，减少农药、化肥使用，从而进一步解决我国耕地面积少、水资源短缺、环境压力大等问题。

无人机遥感技术在农业统计调查中的应用始于国外，近年来在国内也快速发展起来。由于我国区域差异大、种植结构复杂、地块破碎严重，在使用对地观测卫星遥感数据获取大尺度农作物数据的基础上，无人机遥感测量技术作为空间信息技术的重要组成部分，既能作为星载遥感影像的重要补充，又能有效替代人工实地调查，凭借着降低地面人工调查强度和调查成本、快速获取实时高分辨数据的优势，成为农业统计调查工作中的一大创新点。

从2010年至今，由于无人机技术的快速发展，其造价逐渐降低，在民用领域中得到了长足的发展。无人机系统种类繁多，按照不同的平台构型可以大致分为三类：固定翼无人机、旋翼无人机和无人飞艇。固定翼无人机可以选择两种起降方式，一种是使用道路或其他跑道滑行起降，而另外一种则是通过弹射无人机来起飞，之后使用机内自带的降落伞来降落。旋翼无人机可按其旋翼数量分为两种，即无人直升机和多旋翼无人机。旋翼无人机操作简易，携带方便，机动性能强，飞行稳定，适用于可视范围低空勘测任务。而无人飞艇是由其腔内气体控制上升及下降，由发动机提供动力实现飞行，因此该类无人驾驶平台受到气候条件影响较大。

近年来，农田病虫草害和自然灾害发生频繁，因此对农田环境、作物生长状况以及灾害进行动态监测具有十分重要的意义。随着计算机技术、通信技术的快速发展，农田监测方法由传统的到野外采集农田数据向信息化方向转变。将农田环境数据和作物生长发育过程中的生理数据传输到计算机上进行分析，能够为决策者提供实时有效的数据和简单有效的管理手段。信息化作物监测对实施高效农业，提高现代化农业生产水平，转变农业生产方式，促进农业可持续发展具有重要意义。

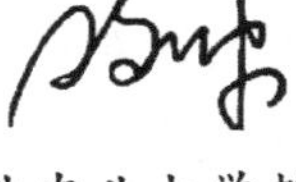

东北农业大学教授

2022年2月26日

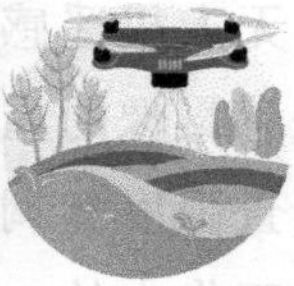

前言

粮食安全是实现经济发展、社会稳定和国家安全的重要基础。我国自古以来就是农业大国，但我国的农业科技化与产业化水平同发达国家相比还有很大差距。围绕实现制造强国的战略目标，科技兴农的发展方针明确提出，要提高农机装备信息收集、智能决策和精准作业能力，推进形成面向农业生产的信息化整体解决方案。而对与苗情、土情、虫害、气象等有关的农业数据进行全面实时监测和精细化管理，为农业生产经营提供智能决策，也是农业智慧化的基本途径之一。

农业是同时受到自然条件与社会经济条件双重制约的脆弱性产业，农田管理中涉及农业生产每一个环节的决策都需要多门类、全方位的信息支撑。长期以来，由于缺乏有效信息支持，农民往往向田间施入过多化肥、农药。为了缓解农业资源紧张与环境压力巨大之间的矛盾，未来农业的发展趋势必将从“粗放”走向“精细”。遥感技术、地理信息技术、地面传感器及无线网络技术等现代信息技术的应用，为实现作物长势精准探测、开展精细化田间管理提供了技术支撑。其中，遥感技术具有大面积同步监测的优势，可实现对作物长势空间分布信息的精准获取。目前，基于卫星、地面基站和载人飞机的遥感探测技术进行作物长势监测、农作物种类细分、作物品质监测、虫害监测及农场管理的研究已有很多。但随着对遥感数据需求的急剧增长，目前遥感观测系统还存在技术和成本上的问题。

农用无人机本质是一种灵活度很高的平台，通过在无人机平台上配置特定的应用模块实现相应的农用目的。无人机作为新型遥感和测绘平台，相比于地面静态观测和卫星航空观测更加灵活，分辨率也更高，数据信息也具有相当或更高的准确度。无人机技术在遥感中的应用满足了遥感技术在军事、农业、矿业、环境科学等多领域的监测、管理的不同需求。无人机拓宽了遥感技术时空的尺度，可以多时段反复探测，又能满足从局部到大区域的探测需求，在精度方面可以达到 0.1m 甚至 0.01m 级别，通过搭载不同探测器可以获得多层面的信息数据。无人机采集信息的能力有其突出特点，数据处理、分析模型建立、信息提取转译等后续技术仍在不断研发过程之中。总体而言，无人机的广泛应用具有很好的前景。

在耕作农业方面，无人机可以采集地质、水文和作物等方面的信息，为精细农业管理控制提供准确完善的信息。无人机可以持续监测作物长势、土地条件变化、农药施用效果和虫害预防等。无人机在农业数据监测、信息采集、植保作业方面具有突出优势，能够为现代农业的发展提供精准化的数据驱动和集约化的作业模式，因此，它在精准农业发展中体现了非常重要的应用价值，促进了农业信息化和精准化的发展，满足了当前我国现代化农业发展中的迫切需求。在现代农业生产管理技术引领下，利用无人机灵活度高、适合农田复杂环境的特点，监测农田中灾害的发生情况，精准施药，以最少的投入得到更高的产出，提高农产品质量，确保粮食安全和生态安全，并改善生态环境，达到资源利用最大化。

由于时间仓促，限于编者水平，书中疏漏与不当之处在所难免，请读者批评指正。

编者

2022 年 3 月 1 日

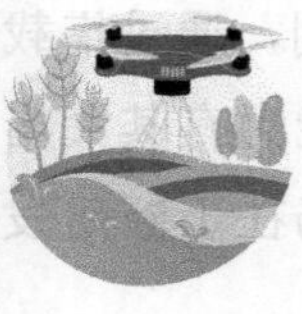

目录

无人机农用领域监测与识别技术

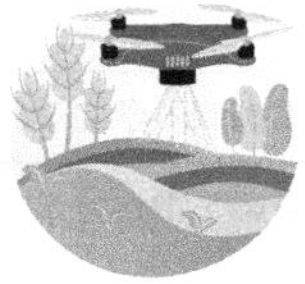

第一章

遥感技术基础

第一节 遥感技术概念与原理

遥感技术是从人造卫星、飞机或其他飞行器上收集地物目标的电磁辐射信息，探测和识别地球环境和资源的技术。它是20世纪60年代在航空摄影和判读的基础上，随航天技术和电子计算机技术的发展而逐渐形成的综合性感测技术。自1972年美国发射了第一颗陆地卫星后，就标志着航天遥感时代的开始（表1-1）。经过几十年的迅速发展，目前遥感技术已广泛应用于农业环境保护、水文、气象、地质、地理等领域，成为一门实用、先进的空间探测技术。

表1-1 遥感技术发展

1. 萌芽时期	
1608年	第一架望远镜
1609年	伽利略制作了放大三倍的科学望远镜并首次观测月球
1794年	气球首次升空侦察
1839年	第一张摄影像片
2. 初期发展	
1858年	系留气球拍摄法国巴黎的鸟瞰像片
1903年	飞机的发明
1909年	第一张航空像片

续表

2. 初期发展	
1914～1918 年	形成独立的航空摄影测量学的学科体系
1931～1945 年	彩色摄影、红外摄影、雷达技术、多光谱摄影、扫描技术以及运载工具和判读成图设备
3. 现代遥感	
1957 年	人类第一颗人造地球卫星发射
20 世纪 60 年代	美国发射了 TIROS、ATS、ESSA 等气象卫星和载人宇宙飞船
1972 年	地球资源技术卫星 ERTS-1 发射，后改名为 Landsat Landsat-1，装有 MSS 传感器，分辨率 79m
1982 年	Landsat-4 发射，装有 TM 传感器，分辨率提高到 30m
1986 年	法国发射的 SPOT-1，装有 PAN 和 XS 遥感器，分辨率提高到 10m
1999 年	美国发射的 IKNOS，空间分辨率提高到 1m
4. 中国遥感事业	
1950 年	组建专业飞行队伍，开展航空摄影和应用
1970 年 4 月 24 日	第一颗人造地球卫星东方红一号成功发射
1975 年 11 月 26 日	第一颗遥感返回式卫星尖兵一号发射，得到对地遥感资料
1988 年 9 月 7 日	第一代极地轨道气象卫星风云一号发射
1999 年 10 月 14 日	第一颗传输型对地遥感资源卫星资源一号发射
至今	进入快速发展期——卫星、载人航天、探月工程等项目相继开展

任何物体都具有光谱特性，具体地说，它们都具有不同的吸收、反射、辐射光谱的性能。同一光谱区各种物体的反应情况不同，同一物体对不同光谱的反应也有明显差别。即使是同一物体，在不同的时间和地点，由于太阳光照射角度不同，其反射和吸收的光谱也各不相同。遥感技术就是根据这些原理，对物体作出判断。遥感技术通常使用绿光、红光和红外光三种光谱波段进行探测。绿光段一般用来探测地下水、岩石和土壤的特性；红光段探测植物生长、变化及水污染等；红外光段探测土地、矿产及资源（图 1-1）。

遥感技术由遥感器、遥感平台、信息传输设备、接收装置、图像处理设备、判读和成图设备以及地面目标特征测试设备等组成。遥感器装在遥感平台上，是遥感系统的重要设备，是远距离感测地物环境辐射或反射电磁波的仪器，可以是照相机、多光谱扫描仪、微波辐射计或合成孔径雷达等，目前使用的有 20 多种，除可见光摄影机、红外摄影机、紫外摄影机，还有红外扫描仪、多光谱扫描仪、微波辐射和散射计、侧视雷达、专题成像仪、成像光谱仪等，遥感器正在向多光谱、多极化、微型化和高分辨率的方向发展。

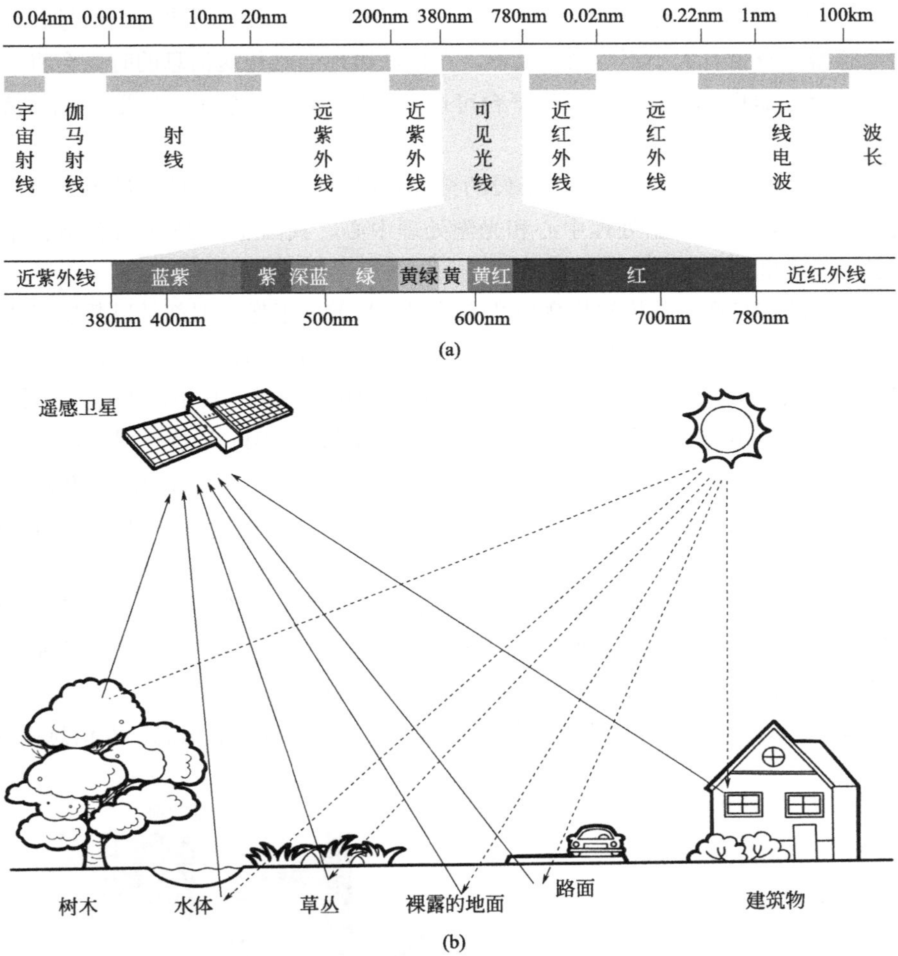

图 1–1　遥感技术展示

一、遥感过程

遥感过程包括信息的采集、接收、存储、处理、提取和应用（表 1-2，图 1-2）。

表 1–2　遥感系统的组成

项目	内容
信息采集	主要依靠遥感器（扫描仪、雷达、摄像机、辐射计）、遥感平台（地面、航空、航天）
信息接收和存储	以数字形式存储在磁介质上
信息处理	包括信息恢复、辐射校正等
信息应用	涉及航空、航天、光电、物理、计算机和信息科学等诸多领域

（1）信息采集 遥感器接收地物反射或发射的电磁波并转化为电信号。现在的遥感器本身带有大小不等的存储器，在没法给地面站传送信息的时候会将信息保存在存储器里。装载传感器的平台可以是卫星（航天遥感）、飞机（航空遥感）甚至是地面平台（地面遥感）。

（2）信息接收和存储 卫星影像的接收和储存在遥感卫星地面站中完成，地面站包括接收站、数据处理中心和光学处理中心。我国在1986年与美国合作建立了中国卫星地面接收站。

收集的信息通过数模转换变成数字数据，目前的影像数据都是以数字形式保存的，保存格式也趋于标准化，大多采用tif或者geotif的格式。从数据的文件内部读写格式上分，可分为三种格式，即BSQ、BIL、BIP，其中，BSQ是按波段保存，也就是第一个波段保存后接着保存第二个波段；BIL是按行保存，就是保存第一个波段的第一行后接着保存第二个波段的第一行，依次保存；BIP是按像元保存，即先保存第一个波段的第一个像元，之后保存第二波段的第一个像元，依次保存。

（3）信息处理 目前，遥感影像的处理都是基于数字的，所以产生了一门新的科学，即遥感数字图像处理，它是依靠计算机硬件技术以及遥感图像处理软件的发展而发展起来的。这部分内容将在后面章节中详述。

（4）信息提取 遥感的主要目的就是从影像上提取有用的信息，即信息提取。

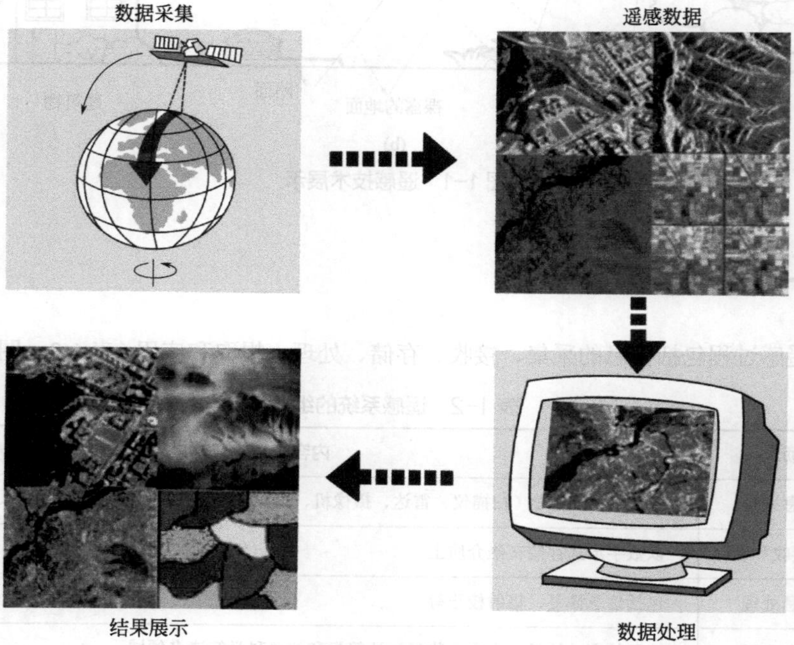

图1-2 遥感过程

这部分内容将在后面章节中详述。

（5）信息应用 遥感在不同的行业有着各自的应用规范，比如测绘部门应用遥感制作4D产品；农业部门应用遥感提取农作物的信息；林业部门可以从遥感影像上获取林地的分布、森林蓄积量等信息。

二、遥感相关术语简述

（1）摄影比例尺 航摄像片上一线段 l 与地面上相应线段 L 的水平距之比。由于摄影像片有倾角，地形有起伏，所以摄影比例尺在像片上处处不相等。一般将摄影像片当作水平像片，地面取平均高程，这时像片上的线段 l 与地面上相应线段 L 的水平距之比，称为摄影比例尺。

（2）像片倾角 空中摄影采用竖直摄影方式，即摄影瞬间摄影机的主光轴近似与地面垂直，偏离铅垂线的夹角应小于3°，夹角称为像片倾角。

（3）航向重叠 同一条航线内相邻像片之间的影像重叠称为航向重叠，一般要求重叠度在60%以上。

（4）旁向重叠 相邻航线的重叠称为旁向重叠，重叠度要求在24%以上。

（5）摄影基线 控制像片重叠度时，将飞机视为匀速运动，每隔一定空间距离拍摄一张像片，摄影站的间距称为空间摄影基线。

（6）像平面坐标系 像平面坐标系用以表示像点在像平面上的位置，通常采用右手坐标系，x 轴、y 轴的选择按需要而定。在解析和数字摄影测量中，常根据框标来确定像平面坐标系，称为像框标坐标系。

（7）像主点 相机主光轴与像平面的交点。

（8）内方位元素 内方位元素是描述摄影中心与像片之间相关位置的参数，包括三个参数，即摄影中心到像片的垂距（主距）及像主点在框标坐标系中的坐标。

（9）外方位元素 外方位元素是表示摄影中心和像片在地面坐标系中的位置和姿态的参数。一张像片的外方位元素包括六个参数，其中有三个是直线元素，用于描述摄影中心的空间坐标值；另外三个是角元素，用于表达像片面的空间姿态。

（10）空间后方交会 已知像片的内方位元素以及至少三个地面点坐标，并测量出相应的像点坐标，则可根据共线方程列出至少六个方程式，解求出像片六个外方位元素，称为空间后方交会。

（11）中心投影变换 对于平坦地区（地面起伏引起的投影差小于规定限差）而言，要将中心投影的像片变为正射投影的地图，就要将具有倾角的像片变为水平的像片，这种变换称为中心投影的变换。

（12）像点位移 一个地面点在地面水平的水平像片上的构像与地面有起伏时或倾斜像片上构像的点位不同，这种点位的差异称为像点位移，包括像片倾斜引起的位移和地形起伏引起的位移，其结果是使像片上的几何图形与地面上的几何图形产生变形，以及像片上影像比例尺处处不等。

（13）人造立体视觉　空间景物在感光材料上构像，再用人眼观察构像的像片，产生生理视差，重建空间景物的立体视觉，所看到的空间景物为立体影像，产生的立体视觉称为人造立体视觉。

（14）相对定向元素　描述两张像片相对位置和姿态关系的参数，称为相对定向元素。

（15）粗差　人为因素引起的误差如读数误差或记录误差等称为粗差，具有偶然性，但在数值上比偶然误差大得多。

（16）内可靠性　内可靠性表示可检测出观测值中粗差的能力。通常用可检测出粗差的最小值或可检测出粗差的下限值来衡量，下限值越小，内可靠性越好。

（17）外可靠性　外可靠性表示不可检测的粗差对平差结果或平差结果函数的影响。如果不可检测的粗差对结果的影响小，表明外可靠性好。

（18）GPS 辅助空中三角测量　利用载波相位差分 GPS 动态定位技术获取影像获取时的摄站三维坐标，将其作为附加观测值引入摄影测量区域网平差中，整体确定物方点坐标和像片方位元素并对其质量进行评定的理论和方法。

（19）带状法方程系数矩阵的带宽　带状法方程系数矩阵的主对角线元素沿某行（列），到最远非零元素间所包含未知数的个数。

（20）自检校光束法区域网平差　选用若干附加参数组成系统误差模型，在光束法区域网平差的同时解求这些附加参数，从而在平差过程中自行检定和消除系统误差的影响。

（21）直方图　直方图是指对应于每个灰度值，求出图像中具有该灰度值的像素数或频数（具有该灰度值的像素数占总像素数的比例）的图形，一般用横轴代表灰度值，纵轴代表像素数或频数。

（22）采样　影像上的像点是连续分布的，在影像数字化过程中，每隔一个间隔读一个点的灰度值，这个过程称为采样。

（23）量化　由于采样过程得到的每个点的灰度值都不是整数，将各点的灰度值取为整数，这一过程称为影像灰度的量化。

（24）数字高程模型　用于表示地面特征的空间分布的数据阵列，常用的是用一系列地面点的平面坐标 X、Y 以及该地面点的高程 Z 或属性组成的数据阵列。

（25）移动拟合法　一个以待定点为中心的逐点内插法，它定义一个新的局部函数去拟合周围的数据点，进而求出待定点的高程。

（26）遥感技术　不接触物体本身，用遥感器收集目标物的电磁波信息，经处理、分析后，识别目标物，揭示目标物几何形状、大小、相互关系及其变化规律的科学技术。

（27）空间分辨率　指遥感图像上能够详细区分的最小单元的尺寸或大小，是用来表征影像分辨地面目标细节的指标。通常用像元大小、像解率或视场角来表示。

（28）时间分辨率　传感器对同一目标进行重复探测时，相邻两次探测的时间间隔称为遥感图像的时间分辨率。

（29）光谱分辨率　遥感图像的光谱分辨率指传感器所用的波段数、波长及波段宽度，也就是选择的通道数、每个通道的波长及带宽。

（30）温度分辨率　温度分辨率是指热红外传感器分辨地表热辐射（温度）最小差异的能力，与探测器的响应率和传感器系统内的噪声有直接关系。

（31）成像光谱仪　成像光谱仪是以多路、连续并具有高光谱分辨率的光谱通道获取图像信息的仪器。通过将传统的空间成像技术与地物光谱技术有机地结合在一起，可以实现对同一地区同时获取几十个到几百个波段的地物反射光谱图像。

（32）侧视雷达　侧视雷达是向遥感平台行进的垂直方向的一侧或两侧发射微波，再接收由目标反射或散射回来的微波的雷达。通过观测这些微波信号的振幅、相位、极化以及往返时间，就可以测定目标的距离和特性。

（33）合成孔径侧视雷达　合成孔径侧视雷达是利用遥感平台的前进运动，将若干小孔径天线组成天线阵列（即把一系列彼此相连、性能相同的天线，等距离地布设在一条直线上），安装在平台的侧方，以代替大孔径的天线接收窄脉冲信号（目标地物后向散射的相位、振幅等），以提高方位分辨力的雷达。天线阵列的基线愈长，方向性愈好。

（34）多源信息复合　多源信息复合是将多种遥感平台、多时相遥感数据之间，以及遥感数据与非遥感数据之间的信息组合匹配的技术。复合后的图像数据将更有利于综合分析。该方法很好地发挥了不同遥感数据源的优势互补，弥补了某一种遥感数据的不足之处，提高了遥感数据的可应用性。在仅用遥感数据难以解决问题时，加入非遥感数据进行补充，使更综合、更深入的分析得以进行，也为进一步应用地理信息系统技术打下基础。

（35）目视解译　又称目视判读，或目视判译，指专业人员通过直接观察或借助辅助判读仪器在遥感图像上获取特定目标地物信息的过程。

（36）遥感图像计算机解译　又称遥感图像理解，以计算机系统为支撑环境，将模式识别技术与人工智能技术相结合，根据遥感图像中目标地物的各种影像特征（颜色、形状、纹理与空间位置），结合专家知识库中目标地物的解译经验和成像规律等知识进行分析和推理，实现对遥感图像的理解，完成对遥感图像的解译。

（37）直接判读标志　直接判读标志是指能够直接反映和表现目标地物信息的

遥感图像的各种特征，包括遥感摄影像片上的色调、色彩、大小、形状、阴影、纹理等，解译者利用直接判读标志可以直观识别遥感像片上的目标地物。

（38）计算机辅助遥感制图　计算机辅助遥感制图是在计算机系统支持下，根据地图制图原理，应用数字图像处理技术和数字地图编辑加工技术，实现遥感影像地图制作和成果表现的技术方法。

（39）遥感影像地图　遥感影像地图是一种以遥感影像和一定的地图符号来表现制图对象地理空间分布和环境状况的地图。在遥感影像地图中，图面内容要素主要由影像构成，辅助以一定地图符号来表现或说明制图对象。与普通地图相比，遥感影像地图具有丰富的地面信息，内容层次分明，图面清晰易读，充分表现出影像与地图的双重优势。

第二节　遥感的分类

1. 按遥感平台的高度分类

遥感平台按照高度进行分类，可从距地面 0 ～ 30m 跨越到距地面 36000km，分为15 个高度等级（表 1-3）。

表 1-3　遥感平台高度分类

遥感平台	高度	用途	其他
静止卫星	36000km	定点地球观测	气象卫星
地球观测卫星	500 ～ 1000km	定期地球观测	Landsat、SPOT、MOS 等
小卫星	400km 左右	各种调查	
航天飞机	240 ～ 350km	不定期地球观测，空间试验	
天线探空仪	100m ～ 100km	各种调查（气象等）	
高高度喷气飞机	10 ～ 12km	侦察，大范围调查	
中低高度飞机	500 ～ 8000m	各种调查，航空摄影测量	
飞艇	500 ～ 3000m	各种调查，空中侦察	
直升机	100 ～ 2000m	各种调查，摄影测量	
无线遥控飞机	500m 以下	各种调查，摄影测量	
牵引飞机	50 ～ 500m	各种调查，摄影测量	牵引滑翔机
系留气球	800m 以下	各种调查	
索道	10 ～ 40m	遗址调查	
吊车	5 ～ 50m	近距离摄影测量	
地面测量车	0 ～ 30m	地面实况调查	车载升降台

主流遥感平台大体上可分为航天遥感、航空遥感和地面遥感（图 1-3）。

航天遥感又称太空遥感，泛指以各种空间飞行器为平台的遥感技术系统。它以地球人造卫星为主体，包括载人飞船、航天飞机和空间站，有时也把各种行星探测器包括在内。在航天遥感平台上采集信息的方式有四种：一是宇航员操作，如在“阿波罗”飞船上，宇航员利用组合相机拍摄地球照片；二是卫星舱体回收，如中国的科学实验卫星回收的卫星像片；三是通过扫描，将图像转换成数字编码，传输到地面接收站；四是卫星数据采集系统收集地球或其他行星、卫星上定位观测站发送的探测信号，中继传输到地面接受站。卫星遥感为航天遥感的组成部分，以人造地球卫星作为遥感平台，主要利用卫星对地球和低层大气进行光学和电子观测。

航空遥感泛指从飞机、气球、飞艇等空中平台对地面感测的遥感技术系统。按飞行高度，分为低空（600 ～ 3000m）、中空（3000 ～ 10000m）、高空（10000m 以上）三级，此外还有超高空（U-2 侦察机）和超低空的航空遥感。是由航空摄影侦察发展而来的一种多功能综合性探测技术。

无人机遥感是一种新兴的航空遥感技术，利用轻型无人机搭载高分辨率数字彩色航摄相机获取测区影像数据，使用 GPS 在测区布设像控点，在数字摄影测量工作站进行作业，获取测绘数据等。无人机航测通常低空飞行，空域申请便利，受气候条件影响较小。对起降场地的要求小，可通过一段较为平整的路面实现起降。升空准备时间 15min 即可，操作简单，运输便利。在航空测绘作业活动中，无人机具有机动灵活、反应迅速等诸多优点。是数字化高程模型（DEM）数据获取的一项重要手段，能够填补通用航空在小面积、大比例尺摄影测量方面的空白。车载系统可迅速到达作业区附近设站，根据任务要求，每天可获取数十至两百平方千米的航测结果。

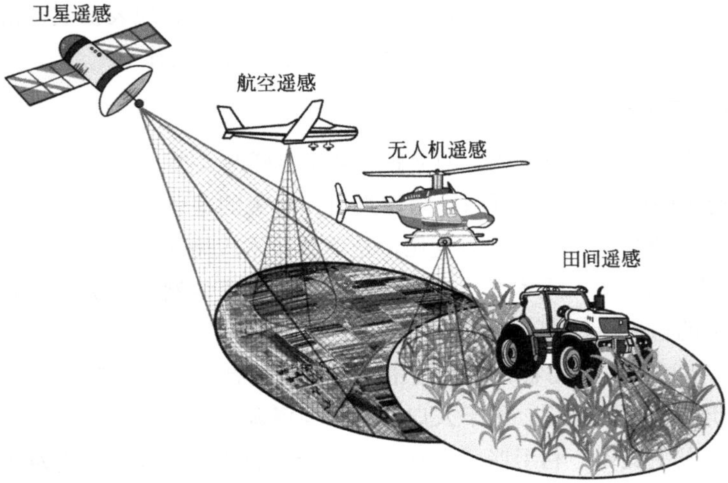

图 1-3　遥感平台分类

地面遥感主要指以高塔、车、船为平台的遥感技术系统，地物波谱仪或传感器安装在这些地面平台上，可进行各种地物波谱测量。

2. 按所利用的电磁波的光谱段分类

按所利用的电磁波的光谱段分类，可分为可见光 / 反射红外遥感、热红外遥感、多谱段遥感、紫外遥感、微波遥感五种类型。

（1）可见光 / 反射红外遥感　主要指利用可见光（0.4 ～ 0.7μm）和近红外（0.7 ～ 2.5μm）波段的遥感技术的统称。前者是人眼可见的波段；后者是反射红外波段，人眼虽不能直接看见，但其信息能被特殊遥感器所接受。它们的共同的特点是，辐射源是太阳，在这两个波段上只反映地物对太阳辐射的反射，根据地物反射率的差异，就可以获得有关目标物的信息；它们都可以用摄影方式和扫描方式成像。

（2）热红外遥感　指通过红外敏感元件，探测物体的热辐射能量，显示目标的辐射温度或热场图像的遥感技术的统称。主要利用 8 ～ 14μm 波段，地物在常温（约 300K）下热辐射的绝大部分能量位于此波段，此波段地物的热辐射能量大于太阳的反射能量。热红外遥感具有昼夜工作的能力。

（3）多谱段遥感　利用几个不同的谱段同时对同一地物（或地区）进行遥感，从而获得与各谱段相对应的各种信息。将不同谱段的遥感信息加以组合，可以获取更多的有关物体的信息，有利于判释和识别。常用的多谱段遥感器有多谱段相机和多光谱扫描仪。

（4）紫外遥感　指探测器探测波段在 0.3 ～ 0.4μm 的遥感。

（5）微波遥感　指利用波长 1 ～ 1000mm 电磁波遥感的统称。通过接收地面物体发射的微波辐射能量，或接收遥感仪器本身发出的电磁波束的回波信号，对物体进行探测、识别和分析。微波遥感的特点是对云层、地表植被、松散沙层和干燥冰雪具有一定的穿透能力，又能夜以继日地全天候工作。

3. 按研究对象分类

按研究对象分类，可分为资源遥感与环境遥感两大类。

（1）资源遥感　以地球资源作为调查研究对象的遥感方法和实践，调查自然资源状况和监测再生资源的动态变化，是遥感技术应用的主要领域之一。利用遥感信息勘测地球资源，成本低，速度快，有利于克服自然界恶劣环境的限制，减少勘测投资的盲目性。

（2）环境遥感　利用各种遥感技术，对自然与社会环境的动态变化进行监测或作出评价与预报的统称。由于人口的增长与资源的开发、利用，自然与社会环境随时都在发生变化，利用遥感多时相、周期短的特点，可以迅速为环境监测的评价和预报提供可靠依据。

4. 按应用空间尺度分类

按应用空间尺度分类，可分为全球遥感、区域遥感和城市遥感。

（1）全球遥感 全面系统地研究全球性资源与环境问题的遥感的统称。

（2）区域遥感 以区域资源开发和环境保护为目的的遥感信息工程，它通常按行政区划（国家、省级行政区等）和自然区划（流域等）或经济区进行。

（3）城市遥感 以城市环境、生态作为主要调查研究对象的遥感工程。

5. 按工作方式分类

按工作方式分类，可分为主动式遥感、被动式遥感。

（1）主动式遥感 即由传感器主动地向被探测的目标物发射一定波长的电磁波，然后接收并记录从目标物反射回来的电磁波。

（2）被动式遥感 即传感器不向被探测的目标物发射电磁波，而是直接接收并记录目标物反射太阳辐射或目标物自身发射的电磁波。

6. 按扫描系统分类

按扫描系统分类，可分为光学机械扫描系统、推扫式扫描系统和成像光谱。

（1）光学机械扫描系统 利用平台的行进和旋转扫描镜，对与平台行进的垂直方向的地面进行扫描，又称物面扫描系统。目前使用的传感器中采用这种方式的主要有 Landsat、NOAA/AVHRR、我国的“风云”系列气象卫星。这种扫描方式的特点是，扫描宽幅大，但空间分辨率较低。

（2）推扫式扫描系统 又称镜面扫描系统，用广角光学系统，在整个视场内成像，用电荷耦合元件（CCD）组成的线性矩阵来感应地面。目前正在使用的大部分高分辨率传感器就是这种系统，包括 SPOT 系列、中巴资源系列、IKONOS、QUICKBIRD 等。此类扫描系统一般分辨率比较高，但扫描宽幅比较小。

（3）成像光谱 此类系统仍属于多光谱扫描仪的范畴，将成像技术和分光谱技术有机地结合起来，获取的图像光谱分辨率非常高，波段数非常多，能达到上百个波段。很典型的一种传感器就是 MODIS。

第三节 遥感与电磁波

遥感即遥远感知，是在不直接接触的情况下，对目标或自然现象远距离探测和感知的一种技术。空间中的电磁场、声场、势场等由于物体的存在而发生变化，测量这些场的变化就可以获得物体的信息，因而电磁波、机械波、声波、重力场、地磁场等都可以用作遥感。例如，蝙蝠可以发射 25000 ～ 70000Hz 的超强声波，并接受这些声波的反射回波，使其可以觅食或自由飞行；人们利用重力场来探测地形变化或地质构造。

但目前人们所说的遥感一般指电磁波遥感，是利用电磁波获取物体信息的。本书着重讨论电磁波遥感技术。遥感之所以能够根据收集到的电磁波来判断地物目标和自然现象，是因为一切物体由于其种类、特征和环境条件的不同，而具有完全不同的电磁波的反射或发射辐射特征。因此，遥感技术主要是建立在物体反射或发射电磁波的原理之上的。

一、电磁波的反射

遥感是利用传感器主动或被动接收地物反射回来的电磁波而成像的。电磁波可以是地物反射的太阳能量，也可以是反射传感器发出的电磁波（雷达），还可以是地物本身发射的电磁波（热红外）。这里需要理解两个概念：

黑体辐射：如果一个物体对于任何波长的电磁辐射，都全部吸收，则这个物体是绝对黑体。也就是说，绝对黑体的吸收率为100%，反射率为0，与物体的温度和电磁波波长无关。如黑色的煤可以近似看作黑体，太阳也可以近似看作黑体辐射源，有的时候也可以将干净的深水、茂密的森林以及阴影近似为黑体。

实际物体辐射：也就是物体实际的辐射，一般研究其与黑体辐射之间的关系。

电磁波波长或者频率是一个连续的谱带，因此用电磁波谱划分电磁波。按照波长从小到大将电磁波划分为：λ射线、X射线、紫外线、可见光、红外线、微波、无线电波。目前传感器的波段就是根据电磁波谱来划分的，不同传感器波段范围又不一样。

① SPOT5 的波谱范围为：

全色：480 ～ 710nm

绿色：500 ～ 590nm

红色：610 ～ 680nm

近红外：780 ～ 890nm

短波红外：1580 ～ 1750nm

② WorldView-2 卫星谱段范围设置：

海岸波段：400 ～ 450nm

蓝色波段：450 ～ 510nm

绿色波段：510 ～ 580nm

黄色波段：585 ～ 625nm

红色波段：630 ～ 690nm

红色边缘波段：705.5 ～ 745nm

近红外线波段：770 ～ 895nm

近红外 2 波段：860 ～ 1040nm

二、电磁波的传输

地物反射的电磁波要经过大气才能被传感器接收，由于大气的成分非常复杂而且多变，加上电磁波本身一些特性，电磁波在大气传输过程中会发生很多变化，包括大气的吸收、散射、透射等，这里需要理解两个概念：

瑞利散射：当大气中的原子、分子的直径比波长小很多时，电磁波在大气中发生的散射叫作瑞利散射。其特点是散射强度与波长的四次方成反比，也就是说波长越长，散射越弱。瑞利散射在可见光中最为明显，尤其是波长较短的蓝色和紫色光，散射较强，这也是天空是蓝色的原因。对于遥感来说，瑞利散射是不利的，有些传感器为了提高影像的质量，就不设容易发生瑞利散射的波段，如 SPOT 系列、ASTER 传感器等。

大气窗口：将电磁波通过大气层时较少被反射、吸收或散射的透过率较高的波段叫作大气窗口。传感器就是根据大气窗口来设计波段的。

三、地物波谱曲线

地物的波谱特征可以用地物波谱曲线图来表示。地物波谱曲线是影像信息提取的基础，要求能识别几种典型的地物波谱曲线，包括水体、岩石和植被。地物波谱曲线可以通过波谱仪来测量，这种方法较为准确，但过程较复杂。也可以通过影像上剖面获取，操作简单，但精度很低，不同波段数的影像获取的结果，精度也不一样。

第四节 遥感信息提取方法

遥感实际上是通过接收（包括主动接收和被动接收两种方式）探测目标物电磁辐射信息的强弱来表征的，它可以转化为图像的形式，以照片或数字图像表现。多波段影像是用多波段遥感器对同一目标（或地区）一次同步摄影或扫描获得的若干幅波段不同的影像。

在遥感影像处理分析过程中，可供利用的影像特征包括：光谱特征、空间特征、极化特征和时间特性。在影像要素中，除色调 / 彩色与物体的波谱特征有直接的关系外，其余大多与物体的空间特征有关。像元的色调 / 彩色或波谱特征是第一级（最基本）影像要素，如果物体之间或物体与背景之间没有色调/彩色上的差异的话，它们的鉴别就无从说起。第二级影像要素有大小、形状和纹理的区别，是构成某种物体或现象的元色调/彩色在空间（即影像）上分布的产物。物体的大小与影像比例尺密切相关；物体影像的形状是物体固有的属性；而纹理则是一组影像中的色调/彩色变化重复出现的产物，一般会给人以影像粗糙或平滑的视觉印象，在区分不同物体和现象时起重要作用。第三级影像要素包括图形、高度和阴影三者，图形往往是一些人工和自然现象所特有的影像特征（表1-4，图1-4）。

表1-4　按光谱类型对遥感图像进行分类

光谱类型	图像特点
黑白图像	只有亮度差别，无色彩差别
全色图像	黑白图像的一种，记录探测到景物的所有电磁波信息
彩色图像	具有色调、饱和度和亮度等色彩信息
真彩色图像	图像颜色与对应地物颜色基本一致，便于目视判断和识别
假彩色图像	图像颜色与对应地物颜色不一致

(a) 黑白图像　(b) 真彩色图像　(c) 假彩色图像

图1-4　不同光谱类型的遥感图像

常用的遥感信息提取方法有两大类：一是目视解译，二是计算机信息提取。

一、目视解译

目视解译是指利用图像的影像特征（色调或色彩，即波谱特征）和空间特征（形状、大小、阴影、纹理、图形、位置和布局），与多种非遥感信息资料（如地形图、各种专题图）组合，运用其相关规律，进行由此及彼、由表及里、去伪存真的综合分析和逻辑推理的思维过程。早期的目视解译多是纯人工在像片上解译，后来发展为人机交互方式，并应用一系列图像处理方法进行影像的增强，提高影像的视觉效果后在计算机屏幕上解译。

1. 遥感影像目视解译原则

遥感影像目视解译的原则是先“宏观”后“微观”，先“整体”后“局部”，先“已知”后“未知”，先“易”后“难”，等。判读顺序一般为，在中小比例尺像片上通常首先判读水系，确定水系的位置和流向，再根据水系确定分水岭的位置，区分流域范围，然后再判读大片农田的位置、居民点的分布和交通道路。在此基础上，再进行地质、地貌等专门要素的判读。

2. 遥感影像目视解译方法

（1）总体观察　观察图像特征，分析图像对判读目的任务的可判读性和各判读目标间的内在联系。观察各种直接判读标志在图像上的反映，从而可以把图像分成大类别以及其他易于识别的地面特征。

（2）对比分析　对比分析包括多波段图像、多时域图像、多类型图像的对比分析和各判读标志的对比分析。多波段图像对比，有利于识别在某一波段图像上灰度相近但在其他波段图像上灰度差别较大的物体；多时域图像对比分析主要用于物体的变化繁衍情况监测；而多类型图像对比分析则包括不同成像方式、不同光源成像、不同比例尺图像等之间的对比。通过各种直接判读标志之间的对比分析，可以识别一些标志（如色调、形状）相同，而另一些标志（如纹理、结构）不同的物体。对比分析可以增加不同物体在图像上的差别，以达到识别目的。

（3）综合分析　综合分析主要利用间接判读标志、已有的判读资料、统计资料，对图像上表现得很不明显，或毫无表现的物体、现象进行判读。间接判读标志之间相互制约、相互依存，根据这一特点，可作更加深入、细致的判读。如对已知判读为农作物的影像范围，按农作物与气候、地貌、土质的依赖关系，可以进一步区别出作物的种属；河口泥沙沉积的速度、数量，与河流汇水区域的土质、地貌、植被等因素有关，长江、黄河河口泥沙沉积情况不同，正是由流域内的自然环境不同所致。地图资料和统计资料是前人劳动的可靠结果，在判读中起着重要的参考作用，但必须结合现有图像进行综合分析，才能取得满意的结果。实地调查资料，限于某些地区或某些类别的抽样，不一定完全代表整个判读范围的全部特征。只有在综合分析的基础上，才能恰当应用、正确判读。

（4）参数分析　参数分析是在空间遥感的同时，测定遥感区域内一些典型物体（样本）的辐射特性数据、大气透过率和遥感器响应率等数据，然后对这些数据进行分析，达到区分物体的目的。测定大气透过率的同时，可在空间和地面测定太阳辐射照度，按简单比值确定。仪器响应率由实验室或飞行定标获取。利用这些数据判定未知物体属性，可从两个方面进行：其一，用样本在图像上的灰度与其他影像块比较，凡某样本灰度值与该样本相同者，则与该样本同属性；其二，由地面大量测定各种物体的反射特性或发射特性，然后把它们转化成灰度，然后根据遥感区域内各种物体的灰度，比较图像上的灰度，即可确定各类物体的分布范围。

二、计算机信息提取

利用计算机进行遥感信息的自动提取时必须使用数字图像。由于不同地物在同一波段、同一地物在不同波段都具有不同的波谱特征，通过对某一地物在各波段的波谱曲线进行分析，根据其特点进行相应的增强处理后，可以在遥感影像上识别并提取同类目标物。早期的自动分类和图像分割主要是基于光谱特征，后来发展为结合光谱特征、纹理特征、形状特征、空间关系特征等综合因素的计算机信息提取（图 1-5）。

图 1-5　遥感信息提取

1. 自动分类

常用的信息提取方法是遥感影像计算机自动分类。先对遥感影像室内预判读，然后进行野外调查，旨在建立各种类型的地物与影像特征之间的对应关系，并对室内预判结果进行验证。工作转入室内后，选择训练样本，并对其进行统计分析，用适当的分类器对遥感数据分类，对分类结果进行后处理，最后进行精度评价。遥感影像的分类一般是基于地物光谱特征、地物形状特征、空间关系特征等，目前大多数研究还是基于地物光谱特征。在计算机分类之前，往往要做些预处理，如校正、增强、滤波等，以突出目标物特征或消除同一类型目标的不同部位因照射条件不同、地形变化、扫描观测角的不同而造成的亮度差异等。对遥感图像进行分类，就是对单个像元或比较匀质的像元组给出对应其特征的名称，其原理是利用图像识别技术实现对遥感图像的自动分类。计算机用以识别和分类的主要标志是物体的光谱特性，图像上的其他信息如大小、形状、纹理等标志尚未充分利用。计算机图像分类方法，常见的有两种，即监督分类和非监督分类。监督分类是一种由已知样本，外推未知区域类别的方法，即首先要从欲分类的图像区域中选定一些训练样区，这些训练样区中，地物的类别是已知的，用已知的地物类别建立分类标准，然后计算机将按同样的标准对整个图像进行识别和分类。

非监督分类是一种无先验（已知）类别标准的分类方法。对于待研究的对象和区域，没有已知类别或训练样本作标准，而是利用图像数据本身能在特征测量空间中聚集成群的特点，先形成各个数据集，然后再核对这些数据集所代表的物体类别。与监督分类相比，非监督分类具有下列优点：不需要对被研究的地区有事先的了解，在对分类的结果与精度要求相同的条件下，在时间和成本上较为节省。但实际上，非监督分类不如监督分类的精度高，所以监督分类使用得更为广泛。

2. 纹理特征分析

细小地物在影像上有规律地重复出现，反映了色调变化的频率。影像上的纹理形式很多，包括点、斑、格、垅、栅，在这些形式的基础上，根据粗细、疏密、宽窄、长短、直斜和隐显等条件，还可再细分为更多的类型。每种类型的地物在影像上都有本身的纹理图案，因此，可以从影像的这一特征识别地物。纹理反映的是亮度（灰度）的空间变化情况，有三个主要标志：某种局部的序列在比该序列更大的区域内不断重复；各部分大致是均匀的统一体，在纹理区域内的任何地方都有大致相同的结构尺寸；序列由基本部分非随机排列组成，这个基本部分通常称为纹理基元。因此可以认为纹理是由基元按某种确定性的规律或统计性的规律排列组成的，前者称为确定性纹理（如人工纹理），后者称为随机性纹理（或自然纹理）。可通过纹理的粗细度、平滑性、颗粒性、随机性、方向性、直线性、周期性、重复性等定性或定量的特征来描述纹理。

与确定性纹理和随机性纹理相对应，纹理特征提取算法也可归纳为两大类，即结构法和统计法。结构法把纹理视为由基本纹理元按特定的排列规则构成的周期性重复模式，因此常采用基于传统的 Fourier 频谱分析方法，以确定纹理元及其排列规律，结构元统计法和文法纹理分析也是常用的提取方法。结构法在提取自然景观中不规则纹理时会遇到困难，不规则纹理很难通过纹理元的重复出现来表示，而且纹理元的抽取和排列规则的表达本身就是一个极其复杂的问题。在遥感影像中，纹理绝大部分属随机性，服从统计分布，一般采用统计法纹理分析，目前用得比较多的方法包括共生矩阵法、分形维方法、马尔可夫随机场方法等。共生矩阵是一种比较传统的纹理描述方法，它可从多个侧面描述影像纹理特征。

3. 图像分割

图像分割指把图像分成各具特性的区域并提取出感兴趣目标的技术和过程，此处的特性可以是像素的灰度、颜色、纹理等预先定义的目标，可以对应单个区域，也可以对应多个区域。图像分割是由图像处理到图像分析的关键步骤，在图像工程中占据重要的位置。一方面，它是目标表达的基础，对特征测量有重要的影响；另一方面，因为图像分割及其基于分割的目标表达、特征抽取和参数测量，将原始图像转化为更抽象更紧凑的形式，使得更高层的图像分析和理解成为可能。

图像分割是图像理解的基础，而在理论上图像分割又依赖图像理解，彼此是紧密关联的。图像分割一般十分困难，目前的图像分割一般作为图像的前期处理阶段，是针对分割对象的技术，如最常用到的利用阈值化处理进行的图像分割。图像分割有三种不同的途径，其一是将各像素划归到相应物体或区域的像素聚类方法，即区域法，其二是通过直接确定区域间的边界来实现分割的边界方法，其三是首先检测边缘像素，再将边缘像素连接起来，构成边界，形成分割。

（1）阈值与图像分割　阈值是在分割时作为区分物体与背景像素的界线，大于或等于阈值的像素属于物体，而其他属于背景。这种方法对在物体与背景之间存在明显差别（对比）的景物分割十分有效。实际上，在任何实际应用的图像处理系统中，都要用到阈值化技术。为了有效地分割物体与背景，人们研发了各种各样的阈值处理技术，包括全局阈值、自适应阈值、最佳阈值等等。

（2）梯度与图像分割　当物体与背景有明显对比度时，物体的边界处于图像梯度最高的点上，通过跟踪图像中具有最高梯度的点的方式获得物体的边界，从而实现图像分割。这种方法容易受到噪声的影响而偏离物体边界，通常需要在跟踪前对梯度图像进行平滑等处理，再采用边界搜索跟踪算法来实现。

（3）边界提取与轮廓跟踪　为了获得图像的边缘，人们提出了多种边缘检测方法，如Sobel、Canny edge、LoG。在边缘图像的基础上，需要通过平滑、形态学等处理，去除噪声点、毛刺、空洞等不需要的部分，再通过细化、边缘连接和跟踪等方法获得物体的轮廓边界。

（4）Hough变换　对于图像中某些符合参数模型的主导特征，如直线、圆、椭圆等，可以通过对其参数进行聚类的方法，抽取相应的特征。

（5）区域增长　是根据同一物体区域内像素的相似性质来聚集像素点的方法，从初始区域（如小邻域，甚至每个像素）开始，将相邻的具有同样性质的像素或其他区域归并到目前的区域中，从而逐步增长区域，直至没有可以归并的点或其他小区域为止。区域内像素的相似性度量可以包括平均灰度值、纹理、颜色等信息。

区域增长是一种应用比较普遍的方法，可以用来分割比较复杂的图像，如自然景物。但是，这是一种迭代的方法，空间和时间开销都比较大。

4. 面向对象的遥感信息提取

基于像素级别的信息提取，以单个像素为单位，过于着眼于局部而忽略了附近整片图斑的几何结构情况，从而严重制约了信息提取的精度。而面向对象的遥感信息提取，综合考虑了光谱统计特征、形状、大小、纹理、相邻关系等一系列因素，因而能够得到更高精度的分类结果，具体方法如下：

首先对图像数据进行影像分割，从二维化了的图像信息阵列中恢复出图像所反映的景观场景中的目标地物的空间形状及组合方式。影像的最小单元不再是单个的像素，而是一个个对象，后续的影像分析和处理也都基于对象进行。然后采用决策支持的模糊分类算法，并不是将每个对象简单地分到某一类，而是给出每个对象隶属于某一类的概率，便于用户根据实际情况进行调整，同时，也可以按照最大概率的产生确定分类结果。在建立专家决策支持系统时，要建立不同尺度的分类层次，在每一层次上分别定义对象的光谱特征、形状特征、纹理特征和空间关系特征。其中，光谱特征包括均值、方差、灰度比值；形状特征包括面积、长度、宽度、边界长度、长宽比、形状因子、密度、主方向、对称性、位置等，对于线状地物，包括线长、线宽、线长宽比、曲率、曲率与长度之比等，对于面状地物，包括面积、周长、紧凑度、多边形边数、各边长度的方差、各边的平均长度、最长边的长度；纹理特征包括对象方差、面积、密度、对称性、主方向的均值和方差等。通过定义多种特征并指定不同权重，建立分类标准，然后对影像分类。空间关系特征包括图像中分割出来的多个目标之间的相互空间位置或相对方向关系，这些关系也可分为连接 / 邻接关系、交叠 / 重叠关系和包含 / 包容关系等。分类时先在大尺度上分出“父类”，再根据实际需要，对感兴趣的地物在小尺度上定义特征，分出“子类”。

第五节 遥感特点

1. 大面积同步观测（探测范围广）

遥感探测能在较短的时间内，从空中乃至宇宙空间对大范围地区进行对地观测，并从中获取有价值的遥感数据。这些数据拓展了人们的视觉空间，例如，一张陆地卫星图像，其覆盖面积可达 3 万多平方千米。这种展示宏观景象的图像，对地球资源和环境分析极为重要。

2. 时效性、周期性

获取信息的速度快，周期短。卫星围绕地球运转，能及时获取所经地区的各种自然现象的最新资料，以便更新原有资料，或根据新旧资料变化进行动态监测，这是人工实地测量和航空摄影测量无法比拟的。例如，陆地卫星 4 号和 5 号，每 16 天可覆盖地球一遍，NOAA 气象卫星每天能收到两次图像。Meteosat 卫星每 30min 获得同一地区的图像。

能动态反映地面事物的变化。遥感探测能周期性、重复地对同一地区进行对地观测，有助于人们通过所获取的遥感数据，发现并动态地跟踪地球上许多事物的变化，有助于研究自然界的变化规律。尤其在监视天气状况、自然灾害、环境污染甚至军事目标等方面，遥感的运用就显得格外重要。

3. 数据综合性

获取的数据具有综合性。遥感探测所获取的是同一时段、覆盖大范围地区的遥感数据，这些数据综合地展现了地球上许多自然与人文现象，宏观地反映了地球上各种事物的形态与分布，真实地体现了地质、地貌、土壤、植被、水文、人工构筑物等地物的特征，全面地揭示了地理事物之间的关联性。并且这些数据在时间上具有相同的现势性。

4. 获取信息的手段多，信息量大

根据不同的任务，遥感技术可选用不同波段和遥感仪器来获取信息。例如可采用可见光探测物体，也可采用紫外线、红外线和微波探测物体。利用不同波段对物体不同的穿透性，还可获取地物内部信息。例如，地下深层、水的下层、冰层下的水体、沙漠下面的地物特性等，微波波段还可以全天候工作。

5. 获取信息受条件限制少

地球上很多地方的自然条件极为恶劣，人类难以到达，如沙漠、沼泽、高山峻岭等。采用不受地面条件限制的遥感技术，特别是航天遥感，可方便、及时地获取环境恶劣地区的各种宝贵资料。

6. 局限性

目前，遥感技术所利用的电磁波还很有限，仅能利用几个波段。在电磁波谱中，尚有许多谱段的资源有待进一步开发。此外，已经被利用的电磁波谱段对许多地物的某些特征还不能准确反映，还需要发展高光谱分辨率遥感以及与遥感以外的其他手段相配合，特别是地面调查和验证尚不可缺少。

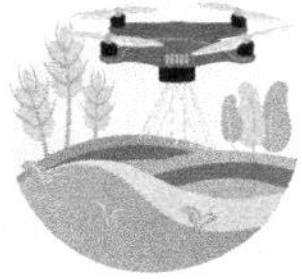

第二章
无人机农业监测技术

第一节　农业遥感

农业遥感是指应用遥感方法获取地面农业信息，以及应用这些信息为农业科学研究、生产和管理等服务的理论、方法和技术。农业遥感技术能够快速准确地获取地面信息，结合地理信息系统（GIS）和全球定位系统（GPS）等现代信息技术，可以实现农情信息定时、定量、定位收集和分析，方便农事决策，使发展精准农业成为可能。

农业遥感基本原理：遥感影像的红波段和近红外波段的反射率及其组合，与作物的叶面积指数、太阳光合有效辐射、生物量具有较好的相关性。通过卫星传感器记录的地球表面信息，辨别作物类型，建立不同条件下的产量预报模型，集成农学知识和遥感观测数据，实现作物产量的遥感监测预报。可从遥感集市下载影像数据，通过各大终端产品定期获取专题信息产品监测与服务报告，同时又能避免手工方法收集数据费时费力且具有某种破坏性的缺陷。

利用遥感技术可进行农业资源调查、土地利用现状分析、农业病虫害监测、农作物估产等，具体包括进行土地资源的调查，土地利用现状的调查与分析，监测农作物种植面积、农作物长势信息，快速监测和评估农业干旱和病虫害等灾害信息，估算全球、全国和区域范围的农作物产量，为粮食供应数量分析与预测预警提供信息。其中，遥感技术在监测农作物生长情况、预报预测农作物病虫害等方面应用最多。

一、农业遥感卫星

1. 陆地资源卫星系统

中国陆地资源卫星系统是中国最早探索遥感观测技术，并形成规模化应用的卫星系统，从1999年发射第一颗陆地资源卫星——中巴地球资源卫星（资源一号卫星）（CBERS-1）-01星以来，中国已成功发射了多颗资源一号卫星。在农业遥感应用领域，农业部遥感应用中心于2001年构建了基于CBERS-1卫星数据的新疆棉花遥感监测技术体系，逐渐应用在全国冬小麦、玉米和水稻等大宗粮食作物种植面积监测业务中。

2. 测绘卫星系统

在中国测绘卫星系统中，2012年1月研制发射的资源三号（ZY-3）-01星是中国首颗高精度传输型光学立体测绘卫星，覆盖宽度60km，用于1：50000比例尺地图测绘，卫星可提供2.1m全色/5.8m多光谱分辨率平面影像，数据融合后可满足农业遥感大尺度定性观测的要求。2016年5月30日研制发射的ZY-3-02星在ZY-3-01星的基础之上进行了优化，搭载3台三线阵测绘相机、1台多光谱相机和1台激光测距仪等有效载荷，前后视相机分辨率由3.5m提高到优于2.7m，并拥有更优异的影像融合能力和更高的图像高程测量精度。

3. 环境卫星系统

农业部遥感应用中心从2009年开始采用多时相环境减灾卫星电荷耦荷影像数据，与国外卫星数据相结合，监测全国冬小麦、玉米、水稻、大豆、棉花、油菜和甘蔗等作物主产省的年际种植面积变化率。上述业务监测运行的同时，一些学者也积极开展了基于HJ-1C雷达卫星的土壤水分遥感监测、作物长势监测，以及作物产量监测研究，取得了一定的研究进展。

4. 高分卫星系统

随着中国高分辨率对地观测系统重大专项的实施，在中国现有高分数据政策的引导下，国产高分卫星数据在农业中的应用比重逐渐增大，在替代国外数据的同时，也逐渐提高了农业遥感的监测精度，拓展了卫星遥感技术在农业中的应用领域。其中，高分一号、二号卫星成功发射后，国产中高分辨率卫星数据迎来了黄金期，农业遥感监测业务运行体系也得到了巨大改善。

2018年6月2日，高分六号卫星（中国农业一号卫星）在甘肃酒泉卫星发射中心用长征二号丁运载火箭成功发射，这是我国第一颗搭载了能有效辨别作物类型的高空间分辨率遥感卫星。其配置了空间分辨率为2m的全色相机和空间分辨率为8m的多光谱相机，以及空间分辨率为16m、观测幅宽达到800km的宽视场相机。卫星设计寿命 8 年，入轨正式运行后，通过与高分一号卫星组网，重访周期从 4 天缩短到 2 天，数据获取能力将翻一番，卫星数据自给率明显提升。这颗卫星的发射，在作物种植面积变化监测、农业资源本底调查中，实现了高分卫星数据全部替代国外同类数据，打破了农业遥感监测中分辨率和高分辨率数据长期依赖国外卫星的局面，将大幅提高农业对地监测能力，加速推进天空地数字农业管理系统和数字农业农村建设，为乡村振兴战略实施提供精准的数据支撑。

二、农业遥感应用

近 10 年来，随着各类高空间、长时间、多光谱、高分辨率民用卫星的出现，农业遥感与地理信息系统、全球导航技术及物联网等技术不断融合，在农业领域的应用广度和深度不断扩展，被广泛应用于作物产量估算、土地资源调查、作物种植面积监测、作物长势监测、土壤墒情监测、农业灾害预测和评估、农作物生态环境监测、农业环境保护等领域。

1. 作物种植面积监测

不同作物在遥感影像上呈现不同的颜色、纹理、形状等特征信息，利用信息提取的方法，可以将作物种植区域提取出来，从而得到作物种植面积。获取作物种植面积是长势、病虫害、灾害应急、动态变化等监测及产量估算的前提（图 2-1）。

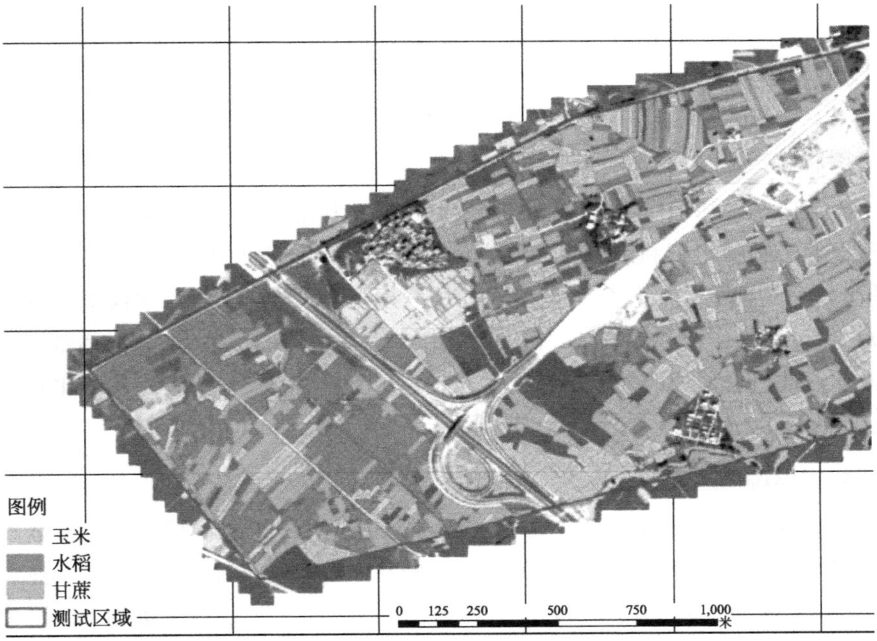

图 2-1 作物种植面积遥感监测

2. 作物长势监测

主要指对作物的苗情、生长状况及其变化的宏观监测，即对作物生长状况及趋势的监测。作物长势包括个体和群体两方面的特征，叶面积指数（LAI）是与作物个体特征和群体特征有关的综合指标，可以作为表征作物长势的参数。归一化植被指数（NDVI）与 LAI 有很好的关系，可以用遥感图像获取作物的 NDVI 曲线反演计算作物的 LAI，进行作物长势监测（图 2-2）。

图 2-2 作物长势遥感监测

3. 作物产量估算

遥感估产是基于作物特有的波谱反射特征，利用遥感手段对作物产量进行监测预报的一种技术。利用影像的光谱信息可以反演作物的生长信息（如 LAl、生物量），通过建立生长信息与产量间的关联模型（可结合一些农学模型和气象模型），便可获得作物产量信息。在实际工作中，常用植被指数（由多光谱数据经线性或非线性组合而成的能反映作物生长信息的数学指数）作为评价作物生长状况的标准（图 2-3）。

4. 土壤墒情监测

墒情也就是土壤含水量，土壤在不同含水量下的光谱特征不同。土壤水分的遥感监测主要从可见光 - 近红外、热红外及微波波段进行，利用光学 - 热红外数据，选择参数，建立模型，进行含水量的反演。此外，也可以进行土壤肥力监测、土壤结构信息的提取等。

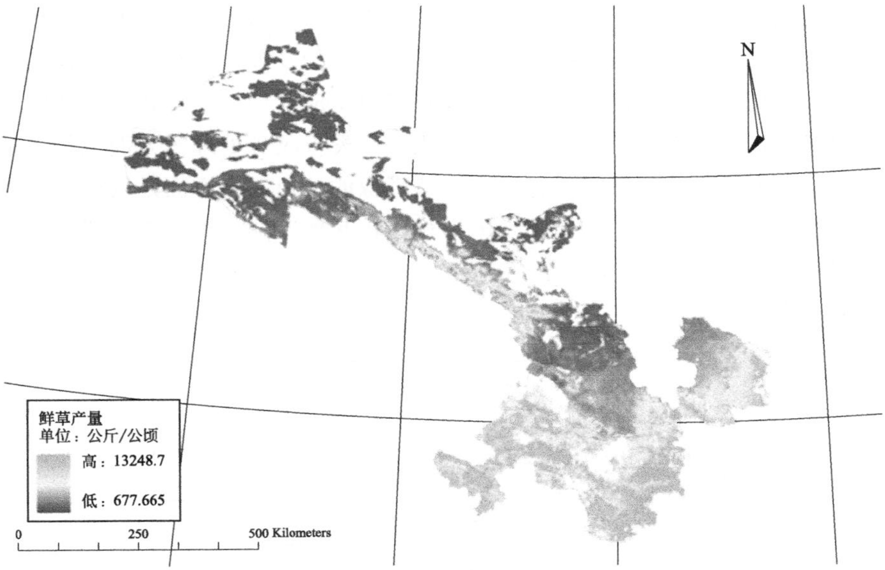

图 2-3　作物产量遥感监测

第二节　无人机遥感系统

无人机遥感系统作为低空遥感系统的重要组成部分，具有机动灵活、操作简便、按需获取高时空分辨率数据且应用成本低的优势，有效弥补了卫星及大型航空遥感系统在地表分辨率低、重访周期长、受水汽影响大等不足，为中小尺度的遥感应用研究提供了新的工具。涉及到多个学科领域，包括航空、微电子技术、自动化控制技术、计算机通信技术、导航定位技术等。

无人机遥感系统是在轻小型无人机平台上配备相应的传感器（可见光相机、多光谱相机、高光谱仪、红外传感器、激光雷达等），利用通信技术和定位定姿技术，快速无损获取关于目标地物的高分辨率影像及数据，经过处理的数据作为参数输入遥感反演模型，相关产出可用于参数提取或者行业具体应用。具有自动化、智能化、专用化等特点，其中的关键技术包括：遥感平台的系统集成技术、专业的数据处理技术、传感器自动控制技术、平台稳定技术、数码相机精校和定标技术、小幅面大数据量遥感影像快速处理以及“3S”技术。利用无人机遥感技术可实现对现状库的快速调查、更新、修正和升级（图 2-4）。

卫星遥感影像的优点毋庸赘述，其作为矢量地图的补充已经获得了大众用户的欢迎。但是作为专业地理信息应用来说，数据获取能力不足、现势性差、回访慢等则是其硬伤。传统大飞机航摄相比卫星遥感更加灵活，影像质量也更高，但是飞机租赁、机场管理、空域申请流程过于复杂，对云层的要求也相对较高。与此同时，随着通信技术、传感器技术等的发展，测绘无人机作为一种低成本、高精度、操作简便的遥感影像获取设备应运而生，并在传统测绘、数字城市建设、智慧农业应用、地理国情监测、灾害应急处理等方面取得了很好的效果。无人机搭载传感器进行航空遥感影像的拍摄，一方面是低空遥感被广泛认可，需求旺盛；另一方面则是因为相比较其他遥感数据获取方式，测绘无人机拥有不可替代的优势，主要优势为性价比高、方便携带运输、无场地要求、机动灵活等。

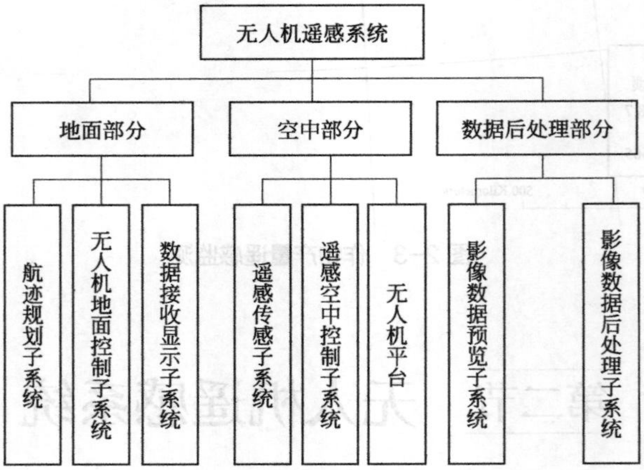

图 2-4　无人机遥感系统

第三节　无人机遥感监测的优势

21 世纪以来，无人机遥感的应用越来越普遍，特别是在低空无人机遥感方面的应用。低空无人机遥感可以方便快捷地实现数码影像的获取，其精度能够满足大比例尺地形图量测以及其他工程项目应用。与其他平台相比，无人机遥感平台具有明显的优势（表 2-1）。

表 2-1　多种数据源遥感影像比较

数据源	无人机遥感	大飞机遥感	卫星遥感
空域	低空	中空	高空
空域申请	无需	需要	无需
专用机场	无需	需要	无需
分辨率范围	0.1 ～ 20cm	5 ～ 40cm	40cm 以上

续表

数据源	无人机遥感	大飞机遥感	卫星遥感
快速响应能力	地面运输快速到达，指定地点起降	需申请空域，起飞手续烦琐	需采购存档数据，或编程。定制采购
使用成本	起价 5 万元 / 单架次，按照 20cm 分辨率设计，每个架次飞行面积 5 万亩左右	起价 30 万元 / 单架次，按照 20cm 分辨率设计	起价 2 万元 / 景，分辨率按照通用的 40cm 分辨率影像测算
适宜飞行范围	1500 ～ 15 万亩	$100km^2$ 以上	$100km^2$ 以上

1. 影像分辨率高

无人机遥感可以实现精度为 0.03 ～ 0.5m 遥感影像的获取，成像清晰度高。同时，低空无人机遥感测绘技术的分辨率高，能够满足高精度数字地面模型的建立以及三维立体景观图的制作。

2. 作业效率高

无人机作业每日单机摄影覆盖面积可达到 $100km^2$ 以上，是常规地面测绘技术的 30 倍以上。对于应急监测、对局部重点地区的调查取证、大比例尺地形图局部测绘等工程项目，无人机作业效率高且内业处理智能化，一天的飞行数据，当天一个晚上内业就可以处理完毕，提交初步成果。

3. 设备运输方便

无人机机身是模块化的设计，翅膀与机身可以拆离，因此方便所有部件的拆卸和运输，其整套设备都可以装在一个手提箱子内，运输方便。采用轻巧的泡沫碳纤维机身以及后置螺旋桨设计，这样就大大提高了飞机的安全性操作。部分小型无人机整个机身重量小于 700g，这种超轻重量能够使无人机一直保持高性能，起飞降落可以实现手工抛掷，提高了其应用范围。

4. 机动性、灵活性、安全性强

传统的载人飞机对起飞场地要求比较严格，只有在机场附近才能作业。无人机飞行器具有机动性、灵活性，这就使得它起飞和降落不需要有特定的跑道场地。无人机的起飞方式包括车载起飞、滑跑起飞、滑降、伞降等，机动灵活，使用方便。

无人机可以按照预先设定的飞行航线自主飞行，此航线控制精度高，飞机飞行的安全性高。无人机的飞行高度从 50 ～ 5000m 不等，高度控制精度可以达到 10m 级。即使在阴云浓雾的恶劣天气条件下，利用无人机的低空飞行也可直接获取满足要求的遥感影像。无人机这种不受高度限制、不受山区低云的影响的特点，特别适合在建筑物密集的城市地区和地形复杂的西南部丘陵区、多云地区使用。

5. 一次飞行、多种成果，测绘成本低

无人机飞行一次可以获得数字正射影像（DOM）、数字化高程模型（DEM）、地形图（DLG）、三维景观模型、三维地表模型等二维、三维数据。此外，由于低空无人机遥感测绘技术不需要专业的飞行班组，测绘的时间较短，而且能够自动处理信息，减少了人力成本的投入，所以测绘成本得到了极大的缩减。

6. 监测范围广

作为测绘工程测量的关键技术之一，为更好地适应时代发展的需求，满足工程建设对测绘测量数据的要求，无人机遥感技术也在不断创新，其监测的范围更加广泛，并且在持续不断扩大。对于小范围的物体监测，无人机遥感技术已经足以满足测绘测量要求，可获得比较优化的监测结果，并且测量范围具有非常高的可伸缩性与可控性。在测绘工程测量中，可通过三维的形式来展现被测区域，为测绘测量工作人员提供更加直观的监测方法，改善监测综合效果。

7. 监测率高

应用无人机遥感技术进行测绘工程测量，可以有效保障较高的监测率，尤其是针对部分紧急的测量内容，相比传统测量模式，无人机遥感技术的效率更高，各种不良连锁反应的发生率更低，保证整个测绘测量过程的规范性与高效性，提高测量结果的全面性和准确性，满足紧急事件应对要求。另外，在遇到狭小、不方便人工深入区域的测绘测量，通过无人机遥感技术的应用可以实现广阔地理空间的监测，提高测绘测量的适应性，确保监测结果与当地实际情况更加吻合。并且，基于无人机遥感技术的三维仿真模拟技术，可以进一步提升监测画面的直观效果。

8. 数据处理快

无人机遥感技术配备了高分辨率的数码转换器以及数据处理器，这样就确保测绘工程测量得到的数据信息具有更高的分辨率。并且在数据处理器的支持下，可以将无人机拍摄采集到的图片转换成人们所需的数据，并将处理结果反馈给控制端。无人机遥感技术在对目标区域测绘测量时，除了信息数据的处理效率和分辨能力突出外，还可以更大程度上保证数据的准确性，为测绘工程提供更加可靠的支持。

综上所述，与传统航空、卫星等遥感平台相比，低空无人机以独特的技术，展现出多方面的优势，但自身也存在一些性能缺陷。复杂地形、恶劣天气很容易干扰无人机信号，以致通信延迟，操作性能大大降低，严重时导致程序失灵，影响无人机飞行作业。

第四节　无人机遥感监测在农业上的应用

近年来，无人机遥感在农业领域的应用逐渐被普及，主要涉及以下几个方面：地块面积测量、作物生长状况监测、作物灾害监测。我国是一个农业大国，粮食生产是国民经济建设的基础，及时获取、掌握主要农作物的种植面积，能够准确预测粮食产量，对于加强作物生产管理、国家粮食政策的制定、确保我国粮食安全具有重要意义。传统的人工获取作物种植面积的方法存在效率低的问题，遥感估算法获取的影像通常存在同物异谱、异物同谱、混合像元等现象，这将导致估测的种植面积存在不确定性。小型无人机遥感技术可获得适合面积估测的高时空分辨率影像，通过对遥感影像进行数字化分析，可以准确地量算地块面积。

一、监测病虫害

病虫害是影响作物产量的直接因素，是世界各国的主要农业灾害之一。大规模的病虫害会给农业生产和国民经济造成巨大损失。据联合国粮农组织统计，世界粮食产量因病虫害造成的损失占粮食总产量的 20% 以上。

利用遥感监测技术监测病虫害进展情况，有利于展开精准治理工作，做到及时发现、及时处理，也有利于早期防治。其原理是，病虫害会造成作物叶片细胞结构色素、含水量等性质发生变化，从而引起反射光谱的变化，所以病虫害作物的反射光谱和正常作物可见光到热红外波段的反射光谱有明显差异（图 2-5 为 2017 年七星农场对稻乳熟期病虫害遥感监测图）。

在美国、澳大利亚等地，用无人机遥感监测并不罕见。比如，美国有种植户用无人机监测麦田锈病，可以明显看出哪里是重灾区。也有人用无人机查看苜蓿地里的菟丝子（一种恶性寄生性杂草，主要寄生于苜蓿等豆科作物，常造成苜蓿植株成片死亡），从而能在灾害大规模暴发前做到提早预防。

二、统计分析植株数量和成苗率

无人机遥感测绘的另一个用途是统计植株数量。相比于耗时且只能抽样调查的手动计数，无人机统计更加全面，准确性更高。

据报道，2016 年 6 月，基于云计算的无人机软件和制图解决方案供应商 Drone Deploy、农业合作分析公司 Aglytix 和农业技术公司 AgriSens 合作，为农作

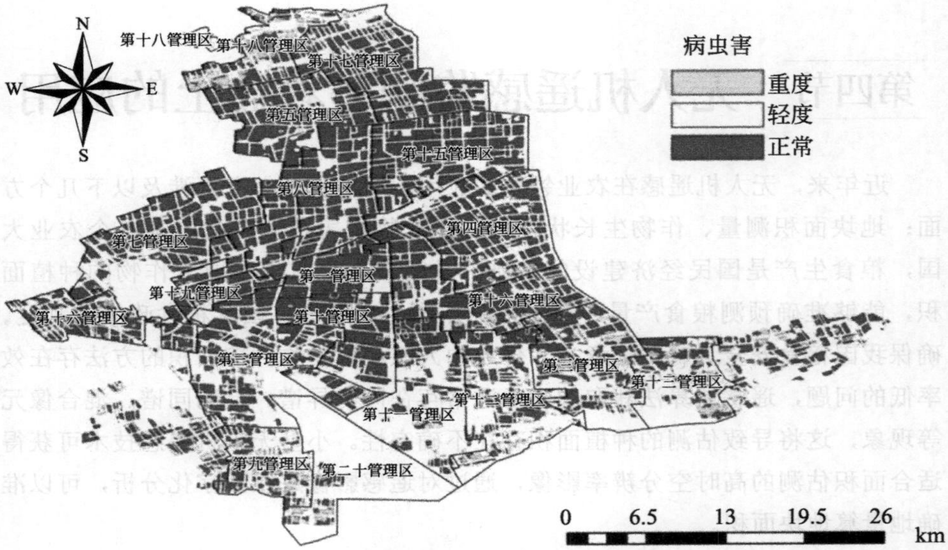

图 2-5　无人机病虫害遥感监测

物提供生长分析工具，通过农作物数量统计、农作物占地面积来分析当前农作物是否为最佳生长距离。在 2016 年的植物生长季，加利福尼亚北部的一家私人农场请来第三方公司为农场 74 英亩的耕地移植了数万番茄植株。为了避免该公司没有严格按照移植数量收费，私人农场工作人员利用 AgriSens 公司的无人机应用软件快速进行了数量统计。

除此之外，用户也可以借助无人机遥感测绘的硬件和软件技术，分析新栽培植株的成苗率，以确定重新栽种方案。

三、分析土壤属性

当今，世界农业现代化大国都在提倡精准农业，要求根据土壤性状，在作物生长过程中调节对作物的要素投入，以最低的投入达到最高的产出，并高效利用各类农业资源，改善环境，取得较好的经济效益和环境效益。

作为空中监测技术，农业遥感是推动农业走向精准化的有力手段。农业遥感监测主要以作物、土壤为对象。作物在可见光 - 近红外光谱波段中，反射率主要受到作物色素、细胞结构和含水量的影响，特别是在可见光红光波段有很强吸收特性，在近红外波段有很强的反射特性，可以被用来进行作物长势、作物品质、作物病虫害等方面的监测。土壤可见光 - 近红外光谱总体反射率相对较低，可见光谱波段主要受到土壤有机质、氧化铁等赋色成分的影响。因此，土壤、作物等地物固有的反射光谱特性是农业遥感的基础。

在精准农业中，有一个重要的参数叫作归一化植被指数，是反映农作物长势和营养信息的重要参数之一，计算方式是近红外波段的反射值与红光波段的反射值之差比两者之和。归一化植被指数可以为改善作物健康提供参考依据，比如有助于判断农田是否需要额外施肥。

美国一家专门分析土壤样本的精准农业服务公司 Heartland Soil Services，正在尝试将无人机遥感的归一化植被指数图与土壤取样分析相结合，从而生成土壤营养元素图。这种将二者结合的方法，相较于原来的只靠土壤取样分析法（每两英亩取一个样本）更加详细和精准。

四、自然灾害后作物受损评估

农作物的整个生长发育过程与气象息息相关，气候变化和灾害性天气直接影响粮食生产和农民增收，影响农业的平稳快速发展。不可避免的自然灾害发生后，遥感技术可以用于评估冷冻灾害和暴风雨后受损情况。

作物遭受冷冻害后，体内叶绿素活性会减弱，对近红外光和红光的敏感度下降，导致植被指数发生变化，因此主要通过植被指数差异分析，即受灾前后植被指数的差值来判断受灾情况。

在暴风雨灾害中，研究表明，水浸后的植被可见光波段反射增强，近红外波段反射减弱。且近红外波段和热红外波段的组合有助于识别水浸和健康谷类作物。

在伊利诺伊州的一场强风和强降雨天气中，该州中部地区 105 英亩（613 亩）的谷物发生不同程度的损害。无人机服务公司 Overhead Ag 利用无人机技术生成灾后评估报告，详细标出了轻微受损区、中度受损和重度受损区，并且计算出了各自面积和所占比例，让农户可以直观了解灾后损失情况。

五、总览梯田概况

梯田是在坡地上沿等高线分段建造的阶梯式农田，是一种重要的水土保持措施，具有保水、保土、保肥的作用。作为坡耕地治理措施的一种，修建梯田可以通过减缓地形坡度、缩短坡长来改变坡面的小地形，进而有效治理坡耕地水土流失。所以，及时获得梯田的动态指标，可以为梯田建设成效评价、水土流失防治、水土资源合理利用等提供科学依据。

利用遥感技术生成的高分辨率影像对水土保持进行监测，有利于制定更详尽的水土保持措施。利用无人机生成高程图可以直观地看到梯田的整体布局，便于梯田管理者随挖随填，及时整改阶地和排水系统。

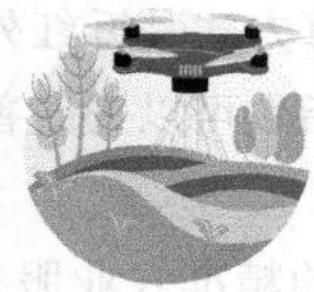

第三章

农用监测无人机系统构件与技术特性

第一节　农用监测无人机分类

一、按飞行平台构型分类

按飞行平台构型，无人机可以分为固定翼无人机、无人直升机和多旋翼无人机3类及其相关变种。固定翼无人机是将螺旋桨或者喷气式发动机产生的推力作为飞机向前飞行的动力，主要的升力来自机翼与空气的相对运动，所以其必须要有一定的相对速度才会有升力带动飞行。固定翼无人机具有航程远、飞行速度快、续航时间长、飞行高度高等优点，但也存在需要滑行跑道、操作相对复杂、不能根据需要对重点区域做悬停拍摄等缺点。在农业中，固定翼无人机主要应用于土地确权、粮食估产、作物种类识别等领域。相对于固定翼无人机，多旋翼无人机目前在农业中应用更为广泛。它主要靠多个旋翼产生的升力让无人机起飞，具有可垂直起降、可空中悬停、操作简单等优点，但也存在飞行速度慢、续航时间短等缺陷。在农业中，多旋翼无人机的应用领域也已涉及粮食估产、作物种类识别、作物长势监测、农药喷施等领域。与多旋翼无人机相比，无人直升机的旋翼更大，飞行稳定，抗风性好。在施药方面，无人直升机可形成单一风场，且向下气流强劲，可以打透茂密的枝叶，施药效果较好；另外，它也可用于作物辅助授粉等领域。但无人直升机的价格相对较高。总之，未来可根据不同飞行任务的特点，合理搭配不同类型无人机，达到低成本、高效作业的效果。

1. 固定翼无人机

固定翼是比较主流的非主流的无人机，比较成熟，国内做固定翼飞控的也较多，但总体应用不多，因为起降限制多，不能悬停；巡航条件下速度过快、要求高度过高，在很大程度上无法满足使用条件；降落的失事率比较高，不管是伞降、撞网还是滑跑降落都比较危险。而且撞网和伞降都相当于“轻度坠机”，对机体寿命有不可逆的负面影响，例如某军用侦察固定翼无人机，其寿命仅有几十个架次，民用固定翼的寿命更不乐观。但是固定翼无人机飞行过程非常安全，是自稳定（飞行的气流会让其更稳）的飞行平台，飞行距离远，航程长，在大范围的地图测绘中很有优势，在军用攻击无人机中也很常见（图 3-1）。

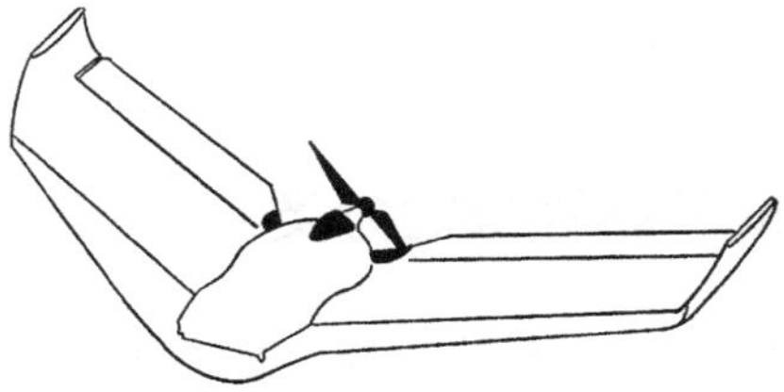

图 3-1　固定翼遥感无人机示意图

2. 无人直升机

直升机也是传统的无人直升机平台，应用也是最广泛的。国内相关产品较多，但专业性略差。由于国内的机体平台和飞控算法存在一定技术问题，因此可靠性高的直升机和直升机飞控一般需进口。无人直升机的优势是起降方便、航速适中，可以做到随时悬停，载荷续航都能令人满意。如果飞控性能足够可靠，甚至可以进行超过 20km 半径的侦察飞行，加挂红外夜视仪后可以在夜间将地下石油管线与车辆的行踪看得一清二楚。

3. 多旋翼无人机

多旋翼是一种新型飞行器，逐渐受到广泛应用与认可。优点很明显：起飞降落像直升机一样方便，技术简单，成本低廉，操作简单，飞行震动非常小；而且可以进行一些更天马行空的创造性应用，如可以把云台与相机置于无人机顶部，去检查桥梁的底部。但是缺点同样明显，由于多旋翼结构本身效率比较低，再加上动力源只能是电池，受限于能量密度，即使装满电池不装设备，续航时间也仅仅能勉强突破 1h（图 3-2）。

在农田信息监测领域，人们关注的重点是监测范围、空间分辨率和测量精度等。除无人机的机型、载重量、航行高度、续航时间、飞行稳定性等对探测效果有重要影响外，为了保障探测精度和空间范围，在无人机起飞前需要进行合理的航线规划。传统的无人机航线规划优化算法主要包括动态规划法、导数相关法、最优控

图 3-2 多旋翼遥感无人机示意图

制法、最速下降法、泰森多边形法；现代智能算法主要包括遗传算法、人工神经网络、蚁群算法、粒子群算法等。蚁群算法在解决复杂航线规划方面效果良好，但收敛效率低且容易陷入局部最优问题，目前的研究多采用改进遗传算法。

二、按续航时间和航程长短分类

无人侦察机按续航时间和航程的长短，可分为四大类型：长航时无人侦察机、中程无人侦察机、短程无人侦察机和近程无人侦察机。

1. 长航时无人侦察机

长航时无人侦察机是一种飞行时间长，能昼夜持续进行空中侦察、监视的无人驾驶飞机。长航时无人侦察机又可分为高空型和中空型两种类型。高空型长航时无人侦察机通常飞行高度在 18000m 以上，续航时间大于 24h；中空型长航时无人侦察机一般飞行高度为几千米，续航时间大多不小于 12h。

2. 中程无人侦察机

中程无人侦察机是一种活动半径在 700 ～ 1000km 范围内的无人侦察机。它可以实施可见光照相侦察、红外线和电视摄像侦察，能实时传输图像。这种无人侦察机主要用于陆军、海军陆战队和空军部队在攻击目标前，进行大面积快速侦察；在攻击后，进行战果评估；便于高一级指挥员在战前了解作战区域内敌军的兵力部署、武器、装备、战斗能力等情况，制定攻击计划，在战后了解战斗毁伤情况，从而再次作出攻击计划。中程无人侦察机通常采用自主飞行式，辅以无线电遥控飞行。发射方式多为空中投放或地面发射两种。这类无人机可多次使用。回收时既可依靠降落伞在地面回收，也可由大型飞机在空中回收。中程无人侦察机的代表机型主要有：美国的 D-21、324 型“金龟子”和 350 型无人机等。

3. 短程无人侦察机

短程无人侦察机是一种活动半径在 150 ～ 350km 范围的无人侦察机。这类无人侦察机多数为小型无人机，最大尺寸在 3 ～ 5m，全机重量小于 200kg。在作战时，适用于陆军的军、师级和海军陆战队的旅级部队进行战场侦察监视、目标搜索与定位以及战果评估等。这类无人侦察机上可装置电视摄像机、前视红外装置、红外扫描仪或激光测距 / 指示器等侦察设备，采用无线电遥控或自主飞行或两者组合的控制方式。回收可采用降落伞回收、滑跑着陆和拦截网回收等方式。由于短程无人侦察机尺寸小、费用低、使用灵便，世界各国都比较青睐，发展很快，是无人侦察机中占比例最大的机种，也是实战使用最多的无人侦察机。其代表机型主要有："瞄准手""不死鸟""玛尔特""猛犬""侦察兵""先锋"等。

4. 近程无人侦察机

近程无人侦察机是一种活动半径在几千米至几十千米范围的微型无人侦察机。这类无人机飞行速度小，最大尺寸为 2 ～ 4m，多数飞机全重小于 100kg，有些飞机重量小于 20kg。适用于陆军和海军陆战队的旅或营级部队以及小型舰艇进行战地侦察监视，能使指挥员及时准确地了解前线战场的动态。这种无人侦察机结构简单、携带方便，可装置小型光学摄像机、电视摄像机或微光（红外）摄像机等侦察设备。在执行任务时，通常采用无线电指令遥控方式飞行。其代表机型为"短毛猎犬"无人侦察机。

第二节 农用监测无人机平台及系统

无人机遥感是微型遥感技术，其以无人机为空中平台，通过遥感传感器获取信息，用计算机对图像信息进行分析与处理，并按照一定逻辑输出。

无人机遥感完整的工作平台分为四个部分：

（1）飞行器系统　主要包括飞行器平台、动力装置、导航定位系统、电气设备。

（2）测控及信息传输系统　主要包括视距数据链、卫星中继数据链、指挥控制站。

（3）信息获取与处理系统　主要包括遥感图像定时定位、遥感图像实时获取、信息智能融合。

（4）安全保障系统　主要包括维修设备、故障判别系统重构。

无人机的主要指标包括无人机稳定性、航飞高度、无人机的有效载荷、电池的续航时间、内置导航精度、航飞速度以及无人机的起降方式等。其性能是否完善将直接影响到无人机遥感的应用领域及应用深度。

一、飞行器系统

1. 机身

机身是飞行器的主体部分，位于旋翼无人机的中央。无人机的其他组件有电池、传动系统、航空电子设备、传感器等，根据重量对称平衡原则，这些组件均安装在机身的不同位置上。小型旋翼无人机的常用架构模式有X模式和十字模式，X模式的效率更高，因此高性能的小型旋翼无人机多采用X架构。小型旋翼无人机的机臂一般用碳纤维圆管作为主要材料，因为碳纤维圆管的强度更高且不易变形，可以承受更大的外力。在机身材料的选择上，通过玻璃纤维和树脂的配合使用，机身重量大大减小，同时机身强度有效提高，并使机身具有高耐热性和耐腐蚀性，从而使无人机在各种环境下稳定工作（图3-3）。

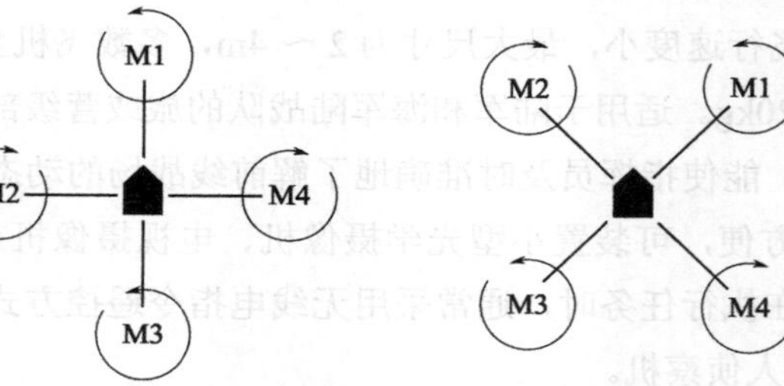

图3-3　十字模式（左）、X模式（右）

2. 动力系统

动力系统是产生动力并以一定方式传递动力，使小型旋翼无人机产生移动的一套组件。传动系统中主要包含了螺旋桨、电机、电子速度控制器和电池。电机是小型旋翼无人机的动力机构，通常使用无刷电机，这一类电机产生的噪声小，对飞行干扰小且更为高效可靠。常见的旋翼无人机的多个电机对称分布在各个轴上，并且同一条轴线上电机的旋转方向相同，相邻电机的旋转方向相反，以抵消陀螺效应和动力扭矩，维持无人机的稳定。电机与螺旋桨相连，控制螺旋桨的转速和转动方向，螺旋桨是直接与空气作用产生升力的装置，较大的螺旋桨产生的升力大，但同时效率也低。在飞行过程中，无人机通过电子速度控制器对飞行速度进行调整，将直流电池产生的电力转化为可供无刷电机使用的三相交流电源。电池是小型旋翼无人机的供电装置，给电机和机载电子设备供电，一般以高密度锂电池为主。旋翼无人机通过电子速度控制器传输信号，调节电机转速，带动螺旋桨的转动，最终实现无人机的悬停、升降、前进等飞行状态的调整。

3. 飞控系统

飞控系统是无人机完成操作者操控的既定任务或实时任务所必需的核心系

统。飞行控制器由信号接收器、GPS、陀螺仪、电量显示器、机载传感器和机载计算机构成。信号接收器用于接收由遥控装置发出的信号。GPS 模块包括 GPS 接收器和磁力计，再与陀螺仪配合组成惯性导航控制系统，搭载在小型旋翼无人机上，可提供飞行器所处的经纬度、高度、航迹方向和地速等信息。通过飞控系统各部分的协调运作，无人机可以实现多种飞行模式，如悬停、导航、跟随等。机载计算机是飞控系统的中枢系统，负责对旋翼无人机在飞行过程中的状态进行运算并计算出最优的动作方案，指挥旋翼无人机的飞行。飞控系统获得从机载接收机发出的脉冲宽度调制（PWM）信号，随后把该信号转化成控制量，再经过 PID 调节把输出量输送给各个电机来控制无人机的动作。飞控系统通过电子速度控制器调控电机的转速，以此实现转向操作，并调控外设。同时，飞控系统作为数据终端的核心，会在飞行过程中记录无人机的飞行状态、位置信息、任务情况和载荷数据，并将这些数据传输到地面终端。如果没有飞控，无人机就会因为无法平衡安装过程中零件不一致、各组成部分间不能相互配合等问题，而不能稳定地飞行。

4. 其他部件

小型旋翼无人机的其他主要部件还有遥控装置、任务设备和通信模块。对小型旋翼无人机的操控主要通过遥控装置来实现，遥控装置包括遥控器和接收器。接收器安装在飞行器上，为一个标准的遥控无线接收单元。遥控器用于发出电子信号控制小型旋翼无人机飞行，并接收飞行器反馈的飞行信息。任务设备直接体现小型旋翼无人机的特定功能，小型旋翼无人机应用于不同的领域时，会搭载不同的任务设备。数传和图传是通信模块的主要部件。数传即以数字传输的形式完成飞控系统和数传终端间的数据信息交流，图传则是接收机载相机完成拍摄后的图像传输。

二、测控及信息传输系统

（一）无人机监测数据链通信技术

无人机监测数据链是一种在地面测控站、指挥信息系统、无人机之间，采用一种或多种网络结构，按照规定的通信协议和消息标准传递格式化战术信息的数据信息系统。能够与测控站、无人机系统、指挥系统紧密结合，将地理空间上相对分散的探测单元、指挥控制系统紧密地连接在一起，保证情报、指挥控制、无人机协同等信息实时、可靠、准确地传输，实现信息共享，便于指挥人员实时掌握目标区域情况，缩短情报获取时间，提高无人机系统的协同作战能力。为了适应未来作战任务、无人机平台和任务载荷的发展需求，无人机测控数据链技术在数据传输能力、抗干扰能力、安全保密能力和网络化等方面面临挑战。

1. 高速率数据传输技术

无人机数据链的传输能力一般指下行链路传输速率，主要取决于任务传感器的分辨率、帧速率、数据链的作用范围、设备规模和安装条件等。国外无人机视距数据链路传输速率一般为1.544Mbps、8.144Mbps、和10.71Mbps，能够满足一般战术侦察和监视的需求。未来随着合成孔径、机载预警雷达和高分辨、多光谱、多组合传感器设备在无人机上的应用，数据传输速率将会达到1.48Mbps～3Gbps，甚至会更高，对无人机数据链的传输速率和容量提出了更高的要求。为适应高分辨、多光谱、多组合传感器的发展，必须大力提高数据链的传输能力，应加强技术研究，主要包括“四合一”综合信道体制、无人机视频压缩编码技术、激光通信数据链技术。

（1）“四合一”综合信道体制　是指跟踪、定位、遥测、遥控和信息传输的统一载波体制，即视频信息传输与遥测共用一个信道，利用视频与遥测信号进行跟踪测角，利用遥控与遥测进行测距。视频与遥测共用信道的方式有两种：一种是模拟视频信号与遥测数据副载波频分传输；另一种是数字视频数据与遥测复合数据传输。采用“四合一”综合信道体制，就要解决直接接收宽带调制信号的天线高精度自动跟踪问题。

（2）无人机视频压缩编码技术　是指利用视频图像数据的强相关性，将冗余信息分为空域冗余信息和时域冗余信息，而压缩技术就是将数据中的冗余信息去掉（去除数据之间的相关性）。压缩技术包含帧内图像数据压缩技术、帧间图像数据压缩技术和熵编码压缩技术。根据无人机使用特点，应研究存储开销低（符合机载条件）、实时性强（时延小）、恢复图像质量好（失真小）的高倍视频数字压缩编码技术。

（3）激光通信数据链技术　可以提供比现有微波通信链路容量大得多的数据传输速率，国外相关技术每秒可传输上百万兆比特的数据。到2030年前，无人机测控系统需要达到500Mbps或以上的数据率，卫星中继链路和无人机机间高速数据链路将需要提供更高的数据传输能力，在光通信新体制方面取得突破，并开展实用性研究。

2. 数据抗干扰传输技术

无人机测控与通信数据链抗干扰技术是指采用扩频抗干扰技术、自适应干扰抑制技术、信源与信道编码技术等保障无人机运行畅通。为了提高系统的抗干扰性能、降低拦截概率，结合无人机使用特点，应加强以下技术的研究：

（1）抗干扰技术从单一技术的抗干扰，发展到多种技术相结合；从单一物理层抗干扰，发展到包括网络层、应用层在内的多层面结合优化的抗干扰；从单一设备的抗干扰，发展到系统级、网络级的综合抗干扰。

（2）研究抗干扰智能调零天线　智能调零天线采用阵列信号处理和数字波束成形技术，在干扰源方向形成零点，调零深度可达 20dB 以上，从而实现空域抗干扰。

（3）研究自适应干扰对校技术　在频域上宽带有用信号和窄带干扰信号特征截然不同，根据此特征可以检测出干扰信号，并使用自适应阻 - 陷滤波技术将其消除。

（4）研究基于认知的抗干扰技术　基于认知的抗干扰技术是结合频谱感知、频谱管理和链路传输参数重新配置的新技术。它利用频谱感知技术获得频谱空间的占用情况，通过频谱管理给出可选择的备用信道，并将链路建立在新的传输信道上，以规避干扰信号所在的频带，从而实现数据的可靠传输。

3. 数据链加密技术

数据链加密技术是指在空间、时间和频域中采用多重安全保密措施，保证数据链传输的正确性，及系统运行的可靠性和安全性，以应对复杂多变的环境。信息传输的可靠性是对通信系统最重要的要求之一。数据链采取了多种技术手段，针对信道传输中的各种自然和人为干扰，采用了数据和信道加密技术，确保了信息的安全传输。

为了保护无人机系统的通信，提高测控链路的安全保密性，应在以下方面加强研究：

（1）研究大密钥、高保密性的加密设备。

（2）研究大容量、高实时性的加密设备。

（3）研究基于数字签名和身份认证的安全保密机制。

（4）除报文信息加密、语音加密和网管加密外，还需要研制同步抖动加密和基码加密，支持跳时控制、跳扩控制、入网控制、敌我识别等加密功能。

4. 无人机网络数据链技术

无人机网络数据链技术是将无人机与无人机、有人机以及其他武器平台之间的数据链进行无缝连接，实现信息共享的物理层技术，是实现未来无人机网络中心站的重要技术基石。可形成以无人机为核心的移动战斗群组网，实现信息共享程度更高、指挥调度更快、作用范围更广、系统抗毁能力更强、互操作性更好的信息化联合作战系统，切实提高无人机信息化作战能力和协同作战能力。

为适应多机和机群的协同作战要求，应在网络化方面加强技术研究：

（1）研究网络自组织和自愈重构技术。

（2）研究分布式多址接入技术和高速大容量信息传输体制。

（3）研究无人机组网的网络体系结构。

（4）研究实时鲁棒动态路由协议技术。

（5）研究与未来天空地一体化信息格栅网络的链接和协同技术。

5. 无人机多输入多输出数据链技术

无人机多输入多输出（MIMO）数据链技术是一种新的无人机测控数据链体制，它在地面控制站和无人机上同时配置多根发射和接收天线，将单一信息通道变成了多个独立的、并行的信息通道，而每个子信道容量都可以达到无人机单输入单输出（SISO）信道容量，同时可以独立控制。

将MIMO技术应用在无人机数据链中，构建基于MIMO的无人机数据链，主要优势在于：①增大信息传输容量；②降低截获概率；③增强抗干扰能力；④提高任务适应能力。

为充分发挥MIMO技术在无人机数据链中的应用，主要研究方向包括：

（1）无人机MIMO天线布局的进一步研究　当天线数目较多时，天线的空间布局方式多种多样，从而其空间相关矩阵也多种多样，相应的MIMO容量的情况也相当复杂。

（2）无人机MIMO系统中信号处理的研究　结合MIMO技术在无人机数据链上的应用优势，在兼顾复用增益和分集增益的情况下，研究选择怎样的编解码策略、如何提升无人机MIMO抗干扰性能等问题。

（3）无人机MIMO抗干扰和监测技术研究。

（4）无人机MIMO数据链实验平台构建。

6. 一站多机数据链技术

一站多机数据链技术是指一个测控站（地面或空中）与多架无人机之间的数据链通信，采用频分、时分及码分多址方式来区分来自不同无人机的遥测参数和任务传感器信息。简化了地面控制站的设备量，使用一个测控站可控制多架无人机；提高了系统互联互通的能力，使无人机实现多机多系统的兼容和协同工作，提高了无人机测控系统的使用效率。主要研究方向包括：

（1）数据传输链路协议研究　实现无人机的通用化与互操作首先必须实现在物理层上，也就是数据链路的通用性，包括频段、信号格式、数据格式等测控通信体制的统一，这是一切互连互通的基础。为实现数据链终端间的互操作，使从空中发送的图像和管理数据能够根据需要通过地面或海面指挥、控制和链路管理数据终端进行分发，必须准确描述互操作所需的宽带数据链的总体要求、系统功能模型、接口及其特性、保密要求、链路管理以及通信协议等通用技术规范，提高系统通用化、系列化、标准化、模块化水平。

（2）“一站多机”高速数据传输技术　如果作用距离较远，测控站需要采用增益较高的定向跟踪天线，在天线波束不能同时覆盖多架无人机时，则要采用多个天线或多波束天线。在不需要任务传感器传输信息时，测控站一般采用全向天线或宽波束天线。当多架无人机超出视距范围以外时，需要采用中继方式。根据中继方式的不同，又分为空中中继一站多机数据链和卫星中继一站多机数据链。

7. 超视距中继传输技术

超视距无人机数据链是无人机超出地面测控站的无线电视距范围时，通过地面中继、卫星中继、空中中继实现地面站和无人机的超视距和复杂地形环境下通信的技术，大大提高了无人机的环境适应能力。

研究超视距中继传输技术可大大提高无人机的运行范围，提高系统运行的稳定性，避免山区或城市恶劣地形对数据链的影响。

（二）地面测控站技术

地面测控站主要具有舰载无人机任务规划和操纵监视等功能，主要包括：飞行和机载设备工作指令的实时遥控技术、飞行航迹和参数的综合显示和记录等、对无人直升机进行跟踪定位、侦察信息的实时记录与回传技术。

1. 地面测控站总体布置设计技术

地面测控站总体布置设计技术是指将无人机起降、遥控遥测等所需的地面设备在舰上进行总体布置的各项方法、手段和技术的总称，其中涉及人机工程学、设备电磁兼容、舰船总体设计等方面的技术。是地面测控站总体设计的重要环节，总体布置设计是否合理、布置方案是否优化，对地面测控站的操作和功能发挥有直接影响。研究并将该项技术应用到实际舰艇设计和加改装工程中，可保障无人机顺利上舰，并进行相应的无人机运行和操作。主要技术研究方向包括：

（1）地面控制站中任务控制设备、飞行控制设备的舱内人机工程学布置。

（2）数据链设备舱外总体布置，包括数据链天线与其他雷达、通信、敌我识别设备的电磁兼容设计。

（3）无人机地面起降辅助设备所需的惯性测量单元、GPS 及副数据链的总体布置，包括位置、遮蔽等方面的考虑。

2. 地面指挥控制站互操作与通用化技术

地面指挥控制站互操作与通用化技术的涵义包括：①实现多型无人机系统在执行指派任务时协同行动的能力；②利用和共享跨领域无人机系统传感器的信息来无缝地指挥、控制和通信的能力；③能够接受不同系统的数据信息和功能服务，并使得它们有效协作的能力；④能够提供数据信息和功能服务给其他无人机系统、单位、部队的能力。

互操作是实现网络中心站的基本使能技术，是实现联合作战和协同作战的基础。以实现地面站互操作与通用化为目标，制定统一地面站信息与控制接口标准和人机界面，使单一的地面控制站可满足多型无人机控制需求，并使各型无人机地面站相互之间信息共享，这也是未来地面测控站的发展方向。主要技术研究方向包括:

（1）顶层综合规划和统一管理　强调互操作性标准及情报、监视和侦察系统的统一化设计。

（2）技术上设计统一标准和开放式结构　包括技术标准、作战标准、战术标准、程序标准、数据标准、界面标准，并通过模块化设计和开放式结构，进行综合集成和配置。

（3）研究北约标准——无人机控制系统接口标准 STANAG4586　STANAG4586 标准采用无人机控制系统功能体系架构，规定该功能体系架构中的数据链接口、无人机控制接口和人机接口的详细要求以及设计方法等。可以使无人机地面控制站与不同类型的无人机平台及其载荷，以及与作战系统之间进行通信。

（4）在应用和战术上，与其他无人机、有人机系统及各战术平台进行协同作战，真正实现互操作。

三、信息获取与处理系统

低空无人机遥感测绘系统的遥感信息处理系统由遥感像片处理、空中三角测量系统和全数字立体测量系统组成。

（1）遥感像片处理　遥感像片处理是根据任务航摄规范表、相机检定参数等初始文件对原始像片进行航带整理、质量检查、预处理、拼接、畸变改正等，形成可供野外像控测量和室内空三处理的像片文件。

（2）空中三角测量系统　空中三角测量系统是遥感信息处理系统的核心部分，根据整理好的航带列表，确定航线间的相互关系，对影像进行内定向，经过影像间连接点的布局、像控点量测、平差计算进行自动空三加密，以此建立三维立体模型，并进行模型定向以及生成核线影像。

（3）全数字立体测量系统　全数字立体测量系统由专用的立体观测设备、手轮脚盘、三维鼠标等硬件和若干软件模块组成，可高度自动化地生产数字测绘产品，包括 DEM 的提取和编辑、DOM 的生成和镶嵌、各种比例尺数字线划 DLG 的测绘与编辑等。

四、安全保障系统

无人机测控与信息传输系统比较复杂，而且外界存在许多不可控制的干扰因素，致使链路出现故障的概率增大，但是在系统出现问题或故障时没有故障告警信息，也没有预留故障检测点。不管机载设备还是地面设备故障，都只有一个故障现象，那就是链路中断。此时，很难判断是地面故障还是机载故障，只有通过更换地面站或是更换机载设备初步判断，因为故障锁定在机载或地面站后，没有预留故障检测点，没法对设备进行检查。在信息化的战场上，测控与信息传输系统一旦出现故障，如果不能及时排除，就可能造成无法挽回的损失。

1. 人机界面友好设计

无人机由于工作的特殊性，大多通过长时间的侦察获取有用信息，且各种信息都是通过地面控制软件来传递给飞行控制员，飞行控制员根据地面站软件显示的无人机工作状态信息实时去调整无人机飞行姿态，控制任务载荷来获取图像。据不完全统计，美国无人机事故 80% 以上由飞行控制员误操作引起。友好的人机界面设计及无人机操作智能化水平，有助于飞行控制员降低误操作概率，提高无人机安全性及确保任务完成。

地面控制软件在设计时应满足基本的人机工效要求，主要体现在以下几点：①重要、关键参数显示方法；②故障告警提示方法；③友好的操作界面显示方法；④信息标准化显示方法。

为实现人机工效要求，软件界面在设计过程中尽量从飞行控制员的角度考虑，通过地面站软件增加系统声、光报警、颜色报警等提示信息，使飞行控制员在第一时间获取无人机紧急故障状态信息，及时处理，保障安全；通过增加关键指令保护、询问等方法降低飞行控制员的误操作概率，降低操作复杂度，减轻飞行控制员的压力和负担。

目前无人机地面站在软件界面设计增加了平显软件，飞行控制员不仅能有身临飞机座舱的感觉，又能通过平显软件观察各种飞行参数信息，通过实时前视视景图像观察机场、塔台等标志性建筑物，引导无人机安全着陆。

2. 电磁兼容设计

无人机由于装载着各种电子设备，本身就是一个复杂的电磁辐射体，无人机测控与信息传输系统要想在这样一个复杂的电磁环境中正常工作，就必须实施一定的电磁兼容措施和方法，使之与其他系统能够兼容工作。

无人机内部电磁兼容性问题，包括机载射频设备通过天线、壳体、电源线、控制线以及信号线的电磁发射和电磁耦合，数字和开关电路设备经壳体电源线、互连线的电磁发射和电磁耦合，机载电缆的电磁发射和电磁耦合，动力装置可能产生的电磁发射，等。测控与信息传输系统在电磁兼容设计方面应充分考虑、完善设计，避免由内部机载设备的干扰引起链路工作的不稳定，影响无人机作战任务的完成。

由于无人机数据链有上、下行信道，还要考虑多机、多系统、多任务载荷同时工作时的电磁兼容，再加上安装空间的限制，多信道多点频收发设备的电磁兼容问题十分突出。要根据这些特点，在频段选择和频道设计上进行周密考虑，并采取必要的滤波和隔离措施。

3. 抗干扰、抗截获设计

抗干扰能力是无人机测控系统性能的重要指标，要根据系统应用的信道特点进行综合考虑，选择合适的抗干扰、抗多径方法。无人机测控系统常用的抗干扰方法有功率储备，高增益天线，抗干扰编码，直接序列扩频、调频和扩调结合，等。既要不断提高上行窄带遥控信道的抗干扰能力，也要逐步解决下行宽带图像 / 遥测信道的抗干扰问题。目前国内上行遥控信道的直接序列扩频处理增益达到了 70dB 甚至更高，下行宽带图像 / 遥测在 2 ～ 4Mbps 的传输速率下也实现了直接序列扩频技术，也有在宽带数据链中采用正交频分或正交码分复用的扩频技术，这种扩频技术有很强的抗干扰能力，能适应恶劣的多径环境。

4. 地面控制站通用化设计

在信息化战争时代，无人机系统必须具备网络化通信能力，从而达到通信容量大、稳定性和可靠性强及频繁的互操作的要求，提高多型无人机协同，及有人机、无人机协同作战的能力，实现多兵种间信息共享、互连互操作的目的。而目前国内无人机系统地面控制站接口形式、传输协议等都是形式百态，没有统一的标准和要求，作战系统之间不能实现通用化、互操作、信息共享的目的，从而不能形成体系化、网络化作战要求。

第三节　无人机监测飞行技术

一、无人机飞行技术简介

1. 无人机飞行基础技术

（1）起飞与降落　起飞与降落是飞行过程中首要的操作，虽然简单但也不能忽视其重要性。起飞前应远离无人机，解锁飞控，缓慢推动油门等待无人机起飞，推动油门一定要缓慢，这样可以防止由于油门过大而无法控制飞行器。在无人机起飞后，不能保持油门不变，而是待无人机到达一定高度，一般离地面约 1m 后开始降低油门，并不停地调整油门大小，使无人机在一定高度内徘徊。降落时，同样需要注意操作顺序：减小油门，使飞行器缓慢地接近地面；离地面约 5 ～ 10cm 处稍稍推动油门，降低下降速度；然后再次减小油门直至无人机触地（触地后不得推动油门）；油门降到最低，锁定飞控。相对于起飞来说，降落是一个更为复杂的过程，需要反复练习。在起飞和降落的操作中还需要注意保证无人机的稳定，飞行器的摆动幅度不可过大，否则降落和起飞时，有打坏螺旋桨的可能。

（2）升降　简单的升降练习不仅可以锻炼初学者对油门的控制，还可以让他们学会稳定飞行器的飞行。在练习时注意场地要有足够的高度，最好在户外进行操作。

上升过程是无人机螺旋桨转速提高，无人机上升的过程。主要的操作杆是油门操作杆（美国手左侧操作杆的前后为油门操作，日本手右侧操作杆的前后为油门操作）。练习上升操作时，假定已经起飞，缓缓推动油门，此时无人机会慢慢上升，油门推动越多（不要把油门推动到最大或接近最大），上升速度越大。在达到一定高度时或者上升速度达到自己可操控限度时，停止推动油门，这时会发现无人机依然在上升。若想停止上升，必须降低油门（同时注意，不要降低得太猛，保持匀速即可），直至无人机停止上升。然而这时会发现无人机开始下降，这时又需要推动油门让无人机保持高度，反复操作后飞行器即可稳定。

下降过程同上升过程正好相反。下降时，螺旋桨的转速会降低，无人机会因为缺乏升力开始降低高度。在开始练习下降操作前，要确保无人机已经达到了足够的高度，在飞行器已经稳定选停时，开始缓慢地下拉油门，注意不能将油门拉得太低。在飞行器有较为明显的下降时，停止下拉油门，这时飞行器还会继续下降。同时，注意不要让飞行器过于接近地面，在到达一定高度时开始推动油门，迫使飞行器下降速度减慢，直至飞行器停止下降。这时会出现上升操作类似的情况，无人机开始上升，这时又要降低油门，保持现有高度，经过反复几次操作后飞行器保持稳定。在这个过程中如果下降的高度太多，或者快要接近地面，但是无人机无法停止下降，就需要加快推动油门速度。但是注意查看飞行器姿态，若过于偏斜，则不可加速推动油门，否则有危险。

（3）俯仰　俯仰操作用于控制无人机的前行和后退，保证飞行器正确飞行。

俯冲操作时，无人机的头会略微下降，机尾会抬起与之相对应，机头两个螺旋桨转速下降，机尾螺旋桨转速提高，随之螺旋桨提供的力就会与水平面有一定的夹角。这样一来，不仅可以给飞机提供抵消重力的升力，而且提供了前行的力。这时升力也会减小，所以飞行器会降低，可以适当推动油门。只要往前推操作俯冲的摇杆（是美国手发射机的右侧摇杆，而日本手发射机是左侧摇杆），无人机就会俯冲向前。同样在俯冲前行时要注意，开始俯冲时要让飞行达到一定高度，对于新手，飞行最好离地一人以上的高度，并且确认无人机前行的“航线”上没有任何障碍物。飞行时轻推摇杆，飞行器即开始向前飞行。推杆的幅度越大，飞行器前倾的角度也越大，前行速度越大。但是在推动摇杆的幅度过大时，机头前的螺旋桨可能会过低，导致飞行器前翻，或者直接坠机（有自稳器一般不会出现这个状况，但也不要轻易尝试）。所以在推动摇杆俯冲时，推动幅度不能太大，一般只要无人机开始前行即可停止推动，保持摇杆现在的位置，让无人机继续向前飞行。同样，在飞行时需要操作其他摇杆，来保持飞行方向。

上仰练习与俯冲操作类似，只不过需要将摇杆从中间位置向后拉动。在拉动摇杆过程中，无人机尾部两个螺旋桨转速会减慢，机头两个螺旋桨转速会加快。然后会出现与俯冲操作相类似的现象，只不过无人机会向后退行。所以在练习操作时，需要确保无人机后退的线路上没有任何障碍物，包括操作者自己也不要站在无人机后面，以免发生意外。确保一切安全后，缓慢拉下摇杆，飞行器开始退行时停止拉动摇杆。这时飞行器会继续退行，退行一段距离后，缓慢推动摇杆，直到摇杆恢复到中间位置时停止推动，这时飞行器就会停止退行，上仰练习完成。

（4）偏航　在飞行过程中改变航向也是一个非常常用且基本的操作。

左偏航练习，是在无人机前行时，使其向左偏转的操作（类似于汽车转弯）。在偏航操作时，使用到的摇杆是油门摇杆，左右方向操作。在左偏航时，摇杆轻轻向左摆动，此时无人机的机头开始偏向。其实飞行器没有使用俯仰操作时，直接摇动偏航，无人机会原地旋转，转动方向与摇杆的幅度有关系，摇杆偏离中心位置越多，转动的速度越快。

左转弯，这项操作需要俯仰操作来配合。首先需要进行俯仰操作让无人机前行，然后缓慢将油门杆向左打一点，之后停止操作（保持现在的摇杆位置），这时候飞行器已经开始向左转弯。保持摇杆位置大约 2 ～ 4s 即可将油门杆的右侧方向摇杆全部回中，这就是左转弯操作。

第二种（逆时针）旋转，这一步操作看似简单，只需要将油门杆拨动到一侧即可。但是无人机在旋转过程中可能无法保持正确位置，所以在旋转操作需要慢慢进行。首先，需要将油门杆轻轻拨动一下，看到无人机开始有轻微的转动时停止拨动，保持现有位置。这时无人机会慢慢开始转动，同时应该注意无人机飞行方式，如果有些控制不住，立刻松开油门杆，让油门自动回中。同时，准备控制方向杆控制飞行器位置。如果发现飞行器在旋转，则需要拨动油门杆。操作飞行器旋转一圈后即算完成了旋转练习。

右偏航练习，同左偏航练习类似，只需要将摇杆向右打，也同样也需要两种练习，即右转弯和旋转。在此提醒读者，右偏航和左偏航来回交替练习更好。

（5）直线飞行　是一个相对简单的操作，理论上来说，只需要推动方向杆即可，但是实际情况不会这么简单。同样由于飞控传感器和算法的问题，有时因为有风，无人机不会完全按照发射机的操作来完成动作，所以这时需要调整发射机的操作，保证无人机沿直线飞行。不过需要注意，在俯仰摇杆推动或下拉的幅度过大时，无人机就有下降的趋势，甚至直接冲向地面。所以在进行操作时要注意安全。

（6）曲线飞行　就是让无人机沿着一条曲线飞行，可以是 Z 型或 S 型的路线。

这样的飞行方式是为了使初学者能够自由操控无人机，需要初学者反复练习操作方式并感受无人机的飞行规律。曲线飞行操作肯定有别于直线飞行，当然也比直线飞行要复杂得多。首先，明确飞行路线，确保飞行路线上没有任何障碍物或人。然后在无人机起飞后，就开始沿着曲线路径飞行。飞行时，需要油门摇杆控制无人机的朝向，使用方向摇杆让无人机开始前进飞行。不过，这只是一种不停改变机头朝向的曲线飞行方式。因为四轴的特殊结构，在曲线飞行中还需要另外一种方式，即利用侧向飞行来实现机头不变的曲线飞行。

（7）爬升练习　类似于爬坡，主要是在无人机前行的基础上提升无人机飞行高度，这个操作相对较为简单。在操作时，需要在推动方向摇杆使无人机前进的同时，加大油门（油门大小视情况而定），这样在飞行时，无人机就会沿着一个斜坡方向开始爬升。等到爬升到一定高度的时，停止爬升，接下来就可以做下降练习。在爬升时需要注意，在开始推动方向杆时，飞行器前段下沉，同时有可能因为失去必要的升力，无人机开始下降（并开始前行），所以这时需要加大油门。到达目标高度时，如果仅仅将方向杆回中，无人机还会继续上升，这时候需要适当减小油门。

（8）下降练习　与爬升练习相似，只不过这时需要降低高度，也就是减小油门。操作方式与上升相似，向前推方向杆，适当拉下（有一点幅度即可，新手不宜拉动过多）油门摇杆，这时看到飞行器开始下降。需要注意的是，新手下降的最低限度是距离地面一人高以上，要给自己留下控制余地，不要一降到底，否则很有可能毁坏无人机。

2. 无人机飞行注意事项

进行无人机农业监测飞行前，首先要认真学习《中华人民共和国民用航空法》及中国民用航空局组织制定的《使用民用无人驾驶航空器系统开展通用航空经营活动管理暂行办法》。运用无人机从事经营活动，需要符合通用航空经营许可的管理规定，购买或租赁不少于两架的无人机，且该无人机应当在中国登记、取得适航证。对于使用无人机的操作人员，需要持有与所使用无人机相适应的相关执照或训练合格证。在无人机上设置无线电设备的，应取得民用航空器无线电台执照或相应许可证。

在选定目标区域进行飞行之前，要先行了解清楚当地法律法规对无人机航拍的各项管理规定，或者向了解当地情况的专业人士进行咨询，充分掌握当地的禁飞区域，严禁擅自在机场和军事管理区域进行未经批准的航拍行为。

为保障飞机的安全，便于飞机飞丢后能够顺利找回，一定要给飞机安装一个GPS定位器。这种定位器不仅可以记录飞行轨迹，而且还便于日后查阅所需要的飞行数据。如果是第一次操作无人机，需要先找一处远离人群和车辆的开阔、安全的地方进行充分练习，在熟悉飞机的各项操控性能后再开始试飞。

无人机遥感设备安装完毕后，将各种工作参数设置好，检查电池和存储卡有无接触不良现象，在起飞前先进行一小段试飞，并通过监视器查验一下效果，确认无误。

飞机在飞行过程中要对飞行路线仔细观察，避免高大的树木遮挡视线，要避开高压线、通信基站等有电磁干扰的设施。在控制遥感监测画面的同时，可通过手动或姿态模式遥控飞机，保障飞行安全。遥感监测过程中要化繁为简，能以简单方式完成的，尽量不要尝试高难度动作。

风向是影响飞行的重要因素，逆风飞行会大大降低飞行器的飞行速度，而顺风飞行则恰恰相反。遇到风速较大时，应尽量避免飞到下风方向较远的距离，否则会导致飞机在返航时因逆风飞行将电量耗尽而无法返回到接收点。另外，在遇到较大的侧风时，需注意风的方向，防止飞机在降落时发生侧翻事故。

二、无人机监测技术简介

1. 科学设置测量网

目前所应用的无人机遥感技术可以将测量精度控制到毫米级，测绘信息精确度更高，因此，科学设置测量网，能够保证测量网具有较高精度。无人机遥感测绘系统配置的GPS技术分为静态差分技术与动态差分技术两种，对于静态差分技术的应用，可以建立基站对测绘测量数据进行分析，确保定位的准确性；动态差分技术属于载波相位差技术，可以完成坐标的准确定位。另外，如果在工程建设过程中遇到地基开裂或梁体结构变形等问题，通过应用无人机遥感技术来设置测量网，对工程结果实际状态进行全方位监测，可以更加及时地发现问题，且无人机系统配置的GPS技术可及时将相关问题上报给控制中心，确保问题能够及时得到解决。

2. GPS测绘技术应用

无人机系统内配置的GPS技术可以实现与测绘工程实体的有机连接，以此来完成工程施工现场的全面监测，当工程出现施工变更情况后，可以基于GPS技术的监测信息为施工方案的调整提供数据支持。通过GPS技术的支持，可以对工程当地地质、温度以及湿度等条件进行有效监测，然后将其作为施工方案编制的指导依据，尤其是某一方面或多方面条件发生变动后，可及时做出相应调整，提高施工方案的科学性与可行性。在应用无人机遥感技术进行测绘工程测量时，工作人员需要合理利用GPS技术对工程当地气象信息进行收集，并通过对数据信息的分析，判断当地气象因素是否会对工程建设产生干扰，以及时对施工方案做出调整。

GPS 技术在外业测绘中也起到了重要作用，可以对工程施工现场各施工点进行准确定位，提高测量结果的准确性。在工程正式测量前，需要利用 GPS 技术对现场做系统的勘察，合理确定关键测量点位置，并做好标记，为后续的测绘测量工作做好准备。另外，需要按照要求将无线 GPS 设备安装就位，提高天线基座的稳定性，保证信号接收无异常，以便对工程施工现场做全方位监测。

3. 各项技术有效融合

无人机遥感技术在测绘测量工程中应用，可以得到精确度和清晰度较高的测量信息，切实满足测绘需求。例如在水利工程建设中，通过无人机遥感技术可有效确定施工基础点，且各点进行交会后形成一种网状的测绘结果，能够确保每个网格内的数据均具有较高的精确度。而在面对现场条件复杂的测绘区域时，可以将无人机遥感技术与信息技术进行结合，通过计算机软件的合理应用，制作与现场一致的三维模型，在此基础上来收集各重要信息，并做进一步的数据分析，绘制出完整的图纸。此外，通过与信息技术的融合，还可以实现测绘测量数据的共享，提高数据信息的利用率。测绘测量数据信息的可靠性与精确性可以说是衡量所用测绘技术方法有效性的重要指标，一般对于较大范围的测绘区域，应重视 GPS 技术的应用，建立连续运行参考站（CORS），实时采集测绘区域内的数据信息，为图纸的绘制提供数据支持，并且在发现问题后更方便修改调整。

三、无人机遥感监测技术应用

1. 拍摄影像资料

在正式监测测量前，需要由经验丰富的专业人员就本次内容做全面且详细的分析讨论，根据现场实际情况规划出科学合理的飞行路线，且要提前对无人机进行试飞，尽量排除各方面带来的干扰，确保可以得到清晰准确的影像资料。对待测绘区域的地形以及气候条件等进行综合判断，合理选择飞行平台进行试飞，比较后确定最适合测绘区域的飞行平台，为正式测绘测量打好基础。无人机在飞行过程中像幅不大，但是旋偏角较大，为保证影像资料的高质量，达到工程测绘标准，可以提前根据无人机拍摄特点，在空中对其进行定位。需要安排操作经验丰富且技能水平较高的专业人员，根据空中拍摄要求，完成对无人机的操控。影像资料在获取的过程中，受个人技术影响较大，如果无人机操作失误，将导致影像资料不完整，甚至与实际情况相差甚远，必定会影响到测绘结果的准确性。现在很多测绘工程测量均需要应用的三角测量拍摄技术，良好地保证了测绘区域的全面性。或者应用转弯缓冲等技术作为支持，也能够保证影像资料的质量符合专业标准。

2. 监测信息采集

通过无人机遥感技术的支持来实现测绘工程测量数据信息的采集，是现在比较常用的一种方法，但是严格来讲其并非全自动化，还需要人工支持。以目前的技术水平，并不能够完全确定采集到的测绘信息符合应用标准，还需要采取人工筛查的方式作为补充，将所有不合格的信息全部剔除，只保留合格的信息，作为测绘测量的最终结果。无人机遥感技术与人工作业的有效结合，可以保障测绘信息及时可靠地传输给控制端，作为后续规划设计的依据。完成测绘区域信息的采集后，还要进行无人机单一模式定向操作，对所得数据做进一步的分析，以此来判断无人机航行路线是否与设定一致。如果路线偏差超出允许范围，则需要重新判断测绘数据的可用性。只有通过路线验证无误的，无人机对应的测绘数据信息才能够使用，确保测绘影像、图像信息的精准性。

在面对不同的采集对象时，无人机遥感技术所适用的方法存在一定差异，最常见的采集方法有手动采集以及自动化加密。应用手动采集测绘测量，即基于无人机遥感技术，将记录到的测绘信息反馈给控制端，然后由专人按照要求标准有目的性的以及有针对性地对所有测绘信息进行检查和挑选，将有用、达标的信息提取出来。而自动化加密是无人机的一种保护信息安全的机制，直接被设计到无人机的内置系统内。正常情况下，无人机完成测绘测量后获得的数据信息，并不会实时传输给控制端，而是先存储到系统内，最后通过权限验证后统一传输。在这种情况下，就可以避免其他人窃取无人机所获得的测绘信息，提高测绘信息的安全性。

3. 监测信息处理

以往在进行测绘工程测量时，数据采集以及图像排列为规则排列方式，无人机遥感技术的应用则与其有较大差异。因为无人机测绘测量过程中并不是按照直线的方式飞行，而是需要根据地势地形特点做出相应角度的调整，确保测绘信息的完整性与精确性。但是在无人机转变方向的阶段，所拍摄到的图像就会产生重影，无法直接作为测绘信息使用，还需要做进一步的处理。一般选择将数码相机安装在无人机上，但是并不固定镜头角度，以自动变焦镜头为宜。当无人机需要做俯冲或其他转变角度的动作时，自动变焦镜头可以跟着转动，有效避免了拍摄图像重影的问题。此外，自动变焦镜头可以根据现场实际情况对拍摄参数以及焦距做出自动调整，足以满足各种飞行条件，即便是高速飞行状态下，同样能够保证所拍摄图像的清晰度与精准度，使图像达到测绘要求。

4. 低空作业要求

面对不同测绘区域时，需要综合现场各种条件确定测绘测量方法，并确定无人机遥感测绘测量的注意要点，以免受到外部因素的干扰，保证测绘测量结果的可靠性。一般对于地形或气候条件比较复杂的区域，并不适合采取高空飞行拍摄的方法，而是应控制无人机采取低空作业的方式，确保拍摄图像与影像的清晰度。此外，如果面对的是城建工程测量，也更适宜选择无人机低空作业，尽量避免其他建筑工程对测绘工程区域带来的干扰，通过灵活规划和操控，确保获得测绘区域精确的测量数据。

第四章
无人机植被识别图像处理关键技术

第一节　无人机图像去噪技术

一、无人机图像噪声产生

无人机图像是低空遥感成像，民用无人机大多采用普通相机拍摄，在无人机机载平台上获得的图像数据，通过无人机数据链传送回地面。因此无人机图像中的噪声，既有无人机相机本身产生的，也有数据链传送过程产生的，还有拍摄中受到如外界天气等因素影响产生的，即无人机图像中噪声的产生，包括无人机内部、外部环境及传送过程三个方面。

1. 无人机图像噪声来源

无人机的摄影设备大多以满足计算机对图像信息的处理为目标，主要包括高分辨率的CCD相机、CMOS相机、激光扫描仪以及红外扫描仪等设备，种类较多。CCD相机有较高的分辨率和扫描动态范围，并且有良好的稳定性，但CCD相机输出的信号是离散模拟信号，且是采用空间采样方法获取的，因此噪声较高，包括光子噪声、散粒噪声、肥零噪声、转移噪声、暗电流噪声。

① 光子噪声。光子发射是随机的，因此，势阱收集光信号电荷也是一个随机过程，这就构成了一种噪声源。光子噪声是由光子的性质决定的，在低照度摄像

时会较严重。

② 散粒噪声。光注入光敏区产生信号电荷的过程是随机的。单位时间产生的光生电荷数目在平均值上做微小波动，即形成散粒噪声。散粒噪声与频率无关，在所有频率范围内有均匀的功率分布（白噪声特性）。低照度、低反差条件下，当其他噪声被各种方法抑制后，散粒噪声将成为CCD的主要噪声，并决定了器件的极限噪声水平。

③ 肥零噪声。肥零，即采用肥零电荷填充势阱位置，使信号电荷可以通过杂乱无章的区域进行转移，分为光学肥零和电子肥零。其产生的噪声分为光学肥零噪声和电子肥零噪声，光学肥零噪声由所使用的CCD的偏置光的大小决定，电子肥零噪声由电子注入肥零机构决定。

④ 转移噪声。CCD中前一电荷包的电荷未进行完全转移，一部分电荷残存在势阱中，成为后来电荷包的噪声干扰。引起转移噪声的根本原因是转移损失、界面态俘获和体态俘获。

⑤ 暗电流噪声。半导体内部由热运动产生的载流子填充势阱，在驱动脉冲的作用下被转移，并在输出端形成电流，即使在完全无光的情况下也存在，即暗电流。暗电流分为扩散暗电流和表面暗电流等。扩散暗电流产生于CCD的导电沟道和势阱下的自由区域，其扩散长度越短，势阱数目越多，暗电流越大。表面暗电流是指一个电子能够在热激发下从界面态跳跃到导带，形成自由电子后又被势阱当作暗电荷收集起来形成的电流。

所有的CCD传感器都会受到暗电流的影响，它的存在限制了器件的灵敏度和动态范围。由于热运动产生的暗电流噪声的大小与温度的关系极为密切，温度每增加5～6℃，暗电流将增加到原来的两倍。它还与电荷包在势阱中存储时间的长短有关，存储时间越长，暗电流噪声越大。在弱信号条件下，CCD采用长时间积分的方法进行观测，暗电流将是主要的影响因素。

另外，在CCD阵列中，局部晶格缺陷或杂质的存在还可造成暗电流尖峰。随着掺杂浓度增大，离表面距离越近，电场强度就越大。在最接近表面处，电场强度达到最大，暗电流峰值最容易出现。暗电流峰值会给图像背景造成很大涨落。

CMOS相机和CCD相机同为固体图像传感器，在噪声的组成结构上较为相似，但CMOS相机噪声比CCD相机更严重，如CMOS相机中的MOS管产生的低频噪声以及其他复合噪声。从无人机相机产生噪声的外部因素来看，无人机在空间飞行时会受到如自然界中的闪电、地面电磁波、天气、无人机位置变化引起的光照变化以及无人机本身机械噪声的影响，不可避免地产生噪声。为提高工作效率，无人机的图像大多要通过数据链实时传送到地面，在传送过程中，无人机数据链要在复杂的电磁转换条件下工作，其电磁环境很难保证不受影响，可以说无人机数据链的性能，对从地面得到的无人机图像有着重要影响。

2. 无人机图像噪声模型

无人机图像由于受到内外因素和无线传送过程中的影响，其质量会不同程度地发生退化。要对无人机图像进行植被识别，就必须对噪声进行良好消除，尽可能地恢复原图像，以恢复到无噪状态，噪声消除的流程如下：

寻找噪声来源→建立图像噪声退化模型→逆向算法→消除噪声。

从上述噪声消除流程来看，图像噪声的来源只有根据先验知识建立图像中产生的噪声模型来寻找，而先验知识并不全是准确的，因而图像噪声退化模型的建立是图像去噪质量好坏的关键。从理论上看，退化模型一般用一个退化函数和一个加性噪声来建立，而退化函数一般用线性系统来近似。但无人机图像噪声来源比较复杂，传统的用线性系统和一个加性噪声来近似效果并不理想，因为传统的方法都是假定图像的噪声与空间无关，但实际上无人机噪声的产生较为复杂。因此目前较为理想的无人机图像噪声模型，都采用线性和非线性系统相结合的方法，从空间域和频率域两个方面来建立。

从目前已经建立的模型来看，包括高斯噪声、瑞利噪声、伽玛噪声、指数分布及均匀分布噪声、脉冲（椒盐）噪声、周期噪声等多种类型；从目前的消噪算法来看，任何一种单独噪声，其消噪都能达到理想的效果。因此，目前对不同的噪声大多采用有针对性的消噪方法，若存在多种噪声，则主要采用几种消噪算法相结合或采用更先进的算法来达到消除噪声的目的。

要消除噪声，就要建立噪声退化模型，要建立噪声退化模型，就必须要知道具体的噪声类型。而各种噪声类型当前一般是通过先验知识来获取的，实际上有些噪声是不可预见的，如无人机在工作中，遇到了特殊情况产生的噪声就是无法预见的。因此在这种情况下，就只有采用先进的算法，对原图像的本身信息进行更为精确的描述，在产生噪声时才能更准确地恢复原图像。对于噪声模型的获取，可以采用许多种方法，较为典型的有：

① 估计法。因为无人机所得到的图像只是退化后的图像，并没有退化前的图像，因此要根据退化图像中简单结构子图像、目标及背景中的相应灰度级来估计退化函数。估计法包括观察估计法和实验估计法等，一般只针对特定图像来处理。

② 传感器类型判断法，即从传感器的型号、规格出发，根据同类或同种传感器的噪声，来判断噪声类型的方法。

③ 从图像转化为频率域后的频谱来判断，即将图像通过相应的算法从空间域转化为频率域，然后根据频谱来判断，如傅里叶频谱检测就是一种典型的频谱判断噪声的方法。

④ 检测图像法，即通过一张标准图像来判断一个成像系统相应参数的方法。

⑤ 图像自身信息判断法，即通过图像自身信息的某些特征来判断噪声的方法。

二、CCD 噪声处理

图像的质量与信噪比有着密切的关系，要提高图像信噪比就必须减小噪声。为抑制和消除在 CCD 应用中产生的各种噪声，主要采取以下措施：

① 在电路工艺上，增加直流电源的滤波，消除来自电源的干扰。缩短驱动电路与 CCD 器件的连线，降低时钟感应造成的尖峰干扰。数字地与模拟地分开，减少来自地线的干扰。采用三阶滤波电路滤除高频噪声。

② 对于转移噪声，采用将 CCD 电压取反倒置或者提高衬底电压使 CCD 电压倒置，可以消除界面态俘获噪声；降低运行温度可以使体俘获噪声明显呈指数减小趋势。另外，将 CCD 在序列图像取出之前放电，也可以有效减小转移噪声。

③ 对于散粒噪声，传统的相邻像素或相邻行积分平均器法较严重地影响了水平和垂直分辨率。而改用相邻多帧取平均法，即将采集的多帧图像加权取平均后作为输出信号，这样，散粒噪声就能得到较好的抑制了。

④ 对于各像元暗电流较平均的 CCD 来说，如果在像元阵列的起始处有少量哑像元（被遮盖着，不对景物曝光，但仍有暗电流产生），则对其输出信号采样存储，并与后续有效像元的输出信号采样值相减，以去除暗电流噪声。但必须保证两次采样的积分时间和温度相同。对于含有暗电流尖峰的 CCD，由于尖峰总是出现在固定的像元位置，因此可以预先记录其位置及大小，每次采样到这个像元时，与其相减即可去除暗电流尖峰。而且，暗电流与电荷转移时间成正比，故需尽量减小 CCD 的电荷转移时间。另外，在应用中对 CCD 器件采取制冷措施，当温度降到 −30 ～ −50℃时，暗电流噪声就小到无足轻重的程度了。

三、经典的无人机图像去噪理论

目前出现了多种无人机图像去噪方法，但影响较大的无人机图像去噪算法是：基于偏微分方程（PDE）的图像去噪方法和基于多尺度分析的图像去噪方法。

1. 基于 PDE 的图像去噪

PDE 具有各向异性，能在去噪的同时保留图像的边缘信息，因此对图像去噪产生了重要影响，特别是在低噪声密度图像中去噪效果最佳，但缺点是耗时较多。PDE 在图像扩散处理中有良好的自适应能力，可以任意分辨率分解，因而是当前图像去噪中的主流方法之一。基于 PDE 图像处理的原理是：在图像连续的数学模型上，利用 PDE 给定的曲线、曲面，令图像根据 PDE 发生相应变化，达到预定目标，所得到的结果即为 PDE 的解。基于 PDE 的图像去噪主要分为以下两步：

① 建立数学模型。常用的数学建模方法有两类：a. 建立能量泛函，通过变分

法，得到所需要的偏微分方程。b. 将所期望实现的图像去噪与某种物理学中扩散过程进行类比，从而建立热扩散方程，进行去噪。

② 求解PDE。因为去噪所建立的PDE是非线性方程，而且图像函数本身就是不连续的，加之图像数据一般比较庞大，因此解PDE必须考虑数值的实现方法，否则，偏微分方程的求解并不容易。

相比传统小波，基于PDE模型去噪由于是建立在连续图像的模型之上的，去噪中的图像像素在当前时间的变换仅在当前像素点无穷小的邻域中，因此PDE模型去噪有无穷的自适应能力。

2. 基于分数阶PDE的图像去噪

分数阶偏微分理论几乎与整数阶微积分理论同时产生，但仍可以看作是整数阶微积分的推广。PDE方程图像去噪处理一般采用能量泛函数，以变分方法用梯度下降方法求解。初次出现PDE模型是热扩散线性方程，该模型是各向异性，会平滑掉图像边缘，为克服缺陷，产生了各种整数阶PDE模型，如PM模型、ROF模型。

3. 基于多尺度分析的图像去噪

（1）图像处理中多尺度变换的理论基础　现有的多尺度几何变换理论仍然不完善，而且二维小波对曲线、曲面的奇异性并不能稀疏表示。在小波变换基础上，许多研究者不断改进，产生多尺度几何变换，也称超小波变换，常见的有双树复小波、脊波、曲波、轮廓波、剪切波、超分析小波。多尺度几何变换比小波变换能更好地表示图像，其中，曲波虽然能最优表示图像，但构造复杂、速度慢、冗余度高、不易离散化，轮廓波和曲波都可以对图像最优表示，但轮廓波并不符合多分辨率理论。基于轮廓波和曲波的优点建立修波（shearlet）算法，这种变换具有移动不变性，在滤波方向上也符合混合自回归模型（MAR）理论，但易产生人造纹理，因而现有的几种多尺度几何变换算法都有一定的局限性。多尺度几何变换源于小波在高维空间中对信号的不稀疏表示，而多尺度几何变换可以利用高维信号的某个低维子集来刻画高维信号的主要特征，也就是说相比传统小波变换，多尺度几何变换能够通过某一子集更好地表示图像的主要特征。

在图像处理中，若有孤立奇异点，要根据信号特点自适应选多个基表示，这种逼近方式称为非线性逼近。

具有周期时频关系特性的信号由傅里叶变换表示，但非平稳信号并不具有周期性，是无法用傅里叶变换表示的。虽然小波变换实现了一维信号的时域和频域的定位，但二维小波并不能最好地表示线、面奇异的高维函数，原因在于二维小波刻画的方向只有有限个。

对于多尺度几何变换，其变换标准如下：

① 能多分辨率地对图像持续逼近表示。

② 空域或时域中的基都应具有支撑性。

③ 各表示方法的基应具有多方向性。

而多尺度几何变换的框架主要包括如下内容：

① 实现多尺度变换框架。

② 实现多方向带通滤波。

③ 既可实现信号分解，也可由此实现信号重构。

多尺度变换采用方向滤波器对多尺度分解的图像高频系数在多个方向进行分解，对自然图像中线、面奇异最优表示，这种构成符合人类的视觉特性，故能很好地逼近自然图像。

（2）基于轮廓波变换的图像去噪原理　轮廓波变换定义在离散域中，易于实现，冗余度比曲波变换率低，通过多尺度分析和多方向性分析将轮廓波变换分解成两个相对独立的过程，最终结果是用类似于线度的基结构逼近原图像。

轮廓波变换步骤如下：

① 使用拉普拉斯金字塔（LP）函数得到二维图像信号中的奇异点。

② 用方向滤波器（DFB）进行各个方向分解。

（3）基于曲波算法的图像阈值去噪原理　无人机图像的去噪中一种重要的方法就是以小波变换为基础进行多尺度分析，其主要价值就是二维小波。但彩色图像边缘分布是不连续的，是按空间分布的，若采用小波变换，在小波展开的级数中，许多项都发生了变化，难以准确描述图像的原有性质。且小波变换是以点奇异为基础进行描述的，对于在线奇异描述方面难以胜任，而且小波变换扩展性也较差。因此通过逆变换后恢复的图像中，许多信息都出现了损失，对噪声的消除效果也并不理想。但随着多尺度理论的持续发展，在图像去噪方面进行了重大革新，出现了几种很有影响力的多尺度分析算法，其中一种算法就是曲波算法。曲波算法是在基于傅里叶变换和小波变换基础上的一种多尺度分析改进算法，特别是第二代曲波算法，比脊波算法更为优秀。虽然脊波算法也具有方向性和识别能力，也可以有效地表示信号中具有方向性的奇异特征，但此算法冗余度较大。而第二代曲波算法从理论上来看，与脊波算法已经没有关联，包括 Wrap 算法和二维 FFT 算法，采用基于第二代曲波变换的彩色图像去噪算法，参数少，实现简单，运算速度也有提高。

四、基于多目标粒子群优化（PSO）算法的图像去噪

单目标 PSO 算法在修波变换中进行阈值去噪时，由于修波变换的阈值系数的复杂性，单目标最优解中单独一个最优解的解向量所对应的阈值系数，很难保

证以此最优解的阈值系数去噪后所逼近的图像是理想图像。与单目标 PSO 算法不同，多目标 PSO 算法得到的一组解是一种妥协的解，是一种折中解，是帕累托（Pareto）最优解。将改进的多目标 PSO 算法引入修波变换中，经过相应的改进，并且与修波变换中相关系数融合，得到一组 Pareto 解就是修波变换中对应的阈值系数。这种折中解的对应阈值系数更适合于对图像进行阈值去噪，重建后的图像信号也更逼近理想图像信号。

第二节　无人机图像分割技术

一、图像分割的实质

随着图像处理技术和计算机视觉技术的快速发展，图像分割技术在实际生活中应用广泛。如在医学图像处理、工业产品质量检测、智能交通中视频跟踪及监控、军事目标定位与识别、生活中所拍摄图像的编辑及处理中，图像分割技术充当了非常关键的角色。图像分割质量的好坏直接影响诸如目标定位、识别、跟踪及图像理解、分析，并且图像分割是计算机视觉研究中从低级到高级的桥梁。然而当前图像分割算法对很多研究者来说是一个很大的挑战，因为目前成像设备飞速发展，图像类型不断增多，图像数据量越来越大，加之图像本身固有的诸多不固定性和特殊性，以及图像的获取、传输、存储等过程中带来的随机性、模糊性、不稳定性和不一致性等特点，造成了现在图像分割质量和速度的发展与实际需求差距越来越大之间的矛盾。

图像分割的实质是在一个复杂的参数空间中寻求最优分割参数。针对不同的应用环境，主要有基于阈值分割、基于区域生长和分裂合并、基于模糊理论、基于聚类分析、基于边缘检测的图像分割方法等。但在实际的图像分割处理中，大多采用几种分割算法相结合的方法或改进方法来进行图像分割，单独采用一种方法在图像分割中有时候很难达到理想的效果。

二、无人机图像分割算法理论基础

1. 基于阈值的图像分割

阈值分割法是基于区域的分割算法中最经典的常用图像分割方法，但并不等同于区域生长，不需要种子点。本质上是把图像像素点按灰度进行聚类，然后依照对应的准则，自动求出最优阈值。阈值分割法以其便于理解、高效而简单的优点而应用广泛。特别是医用图像分割、图像问题检测、各种文本及手写文档图像分割。目前根据图像分割阈值的数量多少分为单阈值、双阈值和多阈值分割三类，按图像分割的依据分为最大熵法、最小误差法、最小交叉熵法和最大类间方差法。

为使图像的一阶灰度级的信息量最大，将信息论中香农（Shannon）熵概念用于图像分割，称为最大熵法，又称最大后验熵上限法。后来许多研究者基于二维直方图，对最大熵阈值法图像分割算法进行了改进，首先将二维直方图分为背景、受噪声干扰的背景、目标、受噪声干扰的目标四部分，然后以四部分的信息熵和最大化为准则进行图像分割，取得了较好的分割效果。

萤火虫算法优化最大熵图像阈值分割方法，首先以最大熵法得到优化阈值目标函数，然后以萤火虫算法计算目标函数，获得的结果就是图像的最优阈值。此方法不仅有着较快的分割速度及分割精度，对图像去噪也有一定的效果。

2. 基于区域生长和分裂合并的图像分割

基于区域的图像分割算法包括区域生长法以及分裂合并法，这是两种典型的区域分割方法，其中应用较为广泛的是区域生长法。区域生长法的基本内容是：先选取一个种子点，然后根据设定的准则，将种子点区域及周围具有同质性质的像素区域集合起来，一步步生长、迭代，然后不断重复迭代这一过程，直到满足终止条件为止。区域生长算法简单，特别适合分割小的结构，但对大的面积区域分割速度较慢，且种子的获得要靠人工交互，对噪声比较敏感；而区域分裂合并法的基本内容是：先将原图像按分裂技术分裂为多个区域，这多个区域中的每个区域继续分裂，直到每个区域都是内部相似的区域为止，接着根据一定的判断准则不断合并类似的相邻区域，最终实现对图像的分割。分裂合并法并不需要预先决定种子点，但这种先分裂后合并的方式易破坏有些区域边界，单独使用这种方法进行图像分割的并不多。因此重点介绍基于区域生长的图像分割方法。

基于区域生长时应对图像中的所有像素进行标记和划分，划分后的任何一个区域内任何一个像素点可以按多种方式到达另一个像素。在进行图像分割时，要注意以下三个关键问题：

（1）图像区域分割的数学模型　图像可以看成是由多个具有不同特点的区域组成的，不同区域在颜色、纹理、方向等方面都具有自己相应的特征，基于区域的图像分割就是通过对图像进行特征分析以划分相应的区域。

（2）种子点的选择　区域生长时，要求根据问题的具体特点和分割后的具体要求，选用相应的种子像素。种子不同，分割结果可能会有较大的差异，有许多种不同的种子选取方法。如将像素个数占总图像像素个数的 1/4000 的区域作为极小值区域，并将此极小值区域作为种子点，选取每个目标区域对应聚类区域的质心作为目标区域的种子点。

目前实际的基于区域生长的图像分割方法中，一般是将区域生长算法和其他算法相结合来实现图像分割。如利用边缘检测，将边缘检测点或边缘检测后的区域重心作为种子点，也可以通过图像直方图寻求种子点。

（3）区域生长判定准则的选取　选取区域生长判定准则时，既要注意图像的颜色、纹理、高度等局部特征，也要注意应用图像全局性质，并应用一定的先验知识对分割结果进行引导，不同的生长准则所得结果可能大不相同。

3. 基于模糊理论的图像分割

图像分割中由于图像本身固有的许多不确定性，并且这些不确定信息中相当多的并不具有随机性，但是模糊理论对不确定性事件和不精确性信息的描述和处理却是有着与生俱来的优势，基于模糊理论的模糊分割技术已成为图像分割技术的一个重要分支。

近年来，模糊理论不断发展，最为典型的是 Florentin Smarandache 提出的中智理论，可以更好地表示非确定性问题，能解决许多模糊理论无法解决的问题。而基于模糊理论的模糊分割技术是当前很有发展前景的图像分割方法，特别是将模糊理论和现有的多种分割算法相结合。

图像的模糊性或不确定性主要表现在：灰度空间、概念和知识的不确定性，由于这些不确定性，普通的图像处理方法较难获得较好的分割效果。研究者尝试将模糊理论引入图像处理、模式识别中，在实际运用中取得了较大的进步。

4. 基于边缘检测的图像分割

边缘检测是指利用图像不同区域之间具有颜色的不连续或跳跃性检测出边缘，然后实现图像分割。边缘检测对目标识别包括本文中的植被识别尤其重要，要提高边缘检测的质量，关键要处理好边缘检测完整性和边缘中噪声的问题，若过分强调消除噪声，则可能会产生漏检或错检现象，若过分强调保持图像边缘的完整性，可能会产生伪边缘，这些伪边缘可能就是伪轮廓。

目前有较多的边缘检测算法，如多尺度的、图像滤波的、局部函数的及边缘曲线拟合的边缘检测方法等。

在基于多尺度的边缘检测法中，由于不同尺度参数在图像边缘检测中的作用是不同的，小尺度参数的边缘检测算法主要检测图像灰度发生的细小变化，而大尺度参数边缘检测算法能够检测出图像边缘所发生的粗变化，因而选择合适的多尺度组合进行边缘检测，有助于提升图像边缘检测效果。

对于图像滤波的边缘检测算法，长期以来，滤波器的图像平滑性和保持图像边缘一致性矛盾，许多学者进行了研究。

（1）基于伪球滤波的边缘检测方法　在伪球滤波中引入了尺度参数和边缘保持参数，传统滤波器处理图像时会平滑图像边缘，这会对图像边缘产生明显的影响，将伪球滤波器代替 Canny 边缘检测中的高斯滤波器成为一种改进的边缘检测算法，则以此边缘检测算法进行图像边缘检测，在一定程度上提高了边缘检测的精度。

（2）经典滤波函数改进 将图像函数和高斯核函数进行卷积，并结合偏微分方程，将拓扑梯度非线性滤波应用于边缘检测中，具有较好的检测效果。

（3）应用局部函数进行边缘检测 分析图像边缘上各点邻域像素的关系，根据图像边缘的连续性和边缘噪声点的孤立性，以形态学算法来进行边缘检测并去噪，对检测出的可能边缘点进行形态学方向梯度去除，该方法改进了传统微积分算子边缘检测的缺点，且检测的边缘也较准确。

（4）根据光学原理进行边缘检测 把图像边缘分为三角形边缘和斜坡形边缘，以图像中像素点为中心，将邻域内像素按不同方向分成两个半圆，并计算圆内所有像素值的均值和差值，并根据其方向与三角形边缘和斜坡形边缘的关系，设计出边缘幅度响应函数，然后结合边缘梯度响应值、方向及漏检概率，设计出边缘检测函数，该算法不仅能抑制一定的噪声，也有较好的边缘检测效果。

（5）基于边缘曲线拟合法进行边缘检测 基于阈值比较法，以线阵获得一维图像，设置图像信号的高低阈值，拟合窗口采用边缘的中间信号部分，接着利用最小二乘法直线拟合窗口内的边缘信号，然后将图像亮、暗电平的中间电平作为阈值截交的拟合直线，此交点就是图像边缘点，此方法能有效地抑制随机噪声，也可以有效检测一维图像的边缘。

三、基于四元数蜂群算法的无人机彩色图像边缘检测

无人机图像是低空遥感图像，此部分内容主要针对可见光波段的彩色图像。从无人机图像中获取有用信息的一个重要环节是图像边缘检测，但早期灰度图像边缘检测效果并不令人满意。由于可见光波段彩色图像能使被摄物体的颜色尽可能如实地显示出来，从彩色图像中提取地物特征信息要比从灰度图像中提取的地物特征信息更多、更丰富，较多有效的彩色遥感图像边缘检测的方法应运而生。但包括彩色遥感图像在内的所有彩色图像边缘检测方法，由于图像细节和边缘的模糊性，无论用人类视觉分析还是机器分析，都很难精确区分边缘像素和边缘存在的噪声。

常见的无人机彩色图像边缘检测方法，通常是依照所采用的颜色空间进行归类，目前大致分为合成法和矢量法两大类。这两种经典方法中，合成法是将灰度图像边缘检测算法分别应用于彩色图像的各个颜色空间，将其结果按某种方式进行处理，合成法原理简单，速度也较快，但是由于没有考虑彩色图像各个通道之间存在的强烈光谱联系，所检测出的彩色图像边缘效果并不理想，甚至有些边缘无法检测出；而矢量法一般由于将彩色图像的一个像素点当作彩色空间的三维

矢量，一定程度上考虑到了彩色图像各颜色通道之间的相关性，效果也较合成法好。但是传统矢量法在图像变换、运算或处理时，并未将彩色图像三种颜色当作一个整体处理，容易造成局部不协调和破坏边缘细节信息，特别在有复杂噪声时，效果相当差。随着四元数理论的逐渐完善，运用四元数描述的彩色图像处理方法也出现了一些有益的探索，用一个四元数表示一个可见光波段彩色图像像素，用四元数矩阵来表示彩色图像，彩色图像的每个像素用一个四元数矢量表示，并且根据四元数矢量旋转原理和色调抵消机制来表示彩色边缘点，从而解决了将彩色图像每个像素进行了一体化处理的问题。

第三节 无人机图像拼接技术

一、无人机图像拼接内容

一幅图像只能是现实世界的局部描绘，反映的范围有限，在某些图像应用中，需要大型全景图像，才能全面完整地观察，而且通过对整幅图像的分析和理解，完整准确地对一个区域的全貌进行判断，这种大型图像的生成技术就是图像拼接技术。所谓图像拼接技术，就是将一组具有重叠关系的图像，经过一定的处理技术，组合成一幅大型的无缝图像。而无人机图像拼接，就是当前研究和应用特别广泛的一种大型全景图像生成技术，该技术通过图像配准、融合等方法，将无人机低空拍摄的高清晰度、大比例尺、小面积的图像或视频拼成全景图像，这种全景图像在如抗震救灾、城市规划、军事侦察、资源勘探、植被识别中，具有十分重要的作用。

彩色图像拼接从最初简单的像素级拼凑到今天的基于变换域的、基于多尺度的、基于特征的拼接算法，无论在拼接的精确度上还是速度上都有了明显的提高。

图像拼接主要包括图像预处理、图像配准、图像定位、图像融合、图像全景输出等步骤。图像的预处理主要包括图像的去噪和畸变校正，对于图像的去噪，前面已经作了详细介绍，而图像的畸变校正，主要是在无人机图像拍摄过程中，由于受天气、地形及无人机本身体积小、重量轻以及拍摄位置及外界电磁波干扰等各种因素的影响，无人机所得到的图像不可避免地要发生一定的畸变，必须对其进行校正。而当前图像拼接中的难点问题是图像配准、图像融合等步骤。

在图像配准过程中，根据提纯后的特征点对匹配图像后，就必须对图像进行定位，即确定每张图像的水平、垂直方向的相邻图像。确定了相邻关系后，还要对所有图像进行视角统一化，并把所有图像变换到统一的全景图参考平面上，这个过程就是捆绑调整。完成捆绑调整后的全景图像由于原来的各单张图像之间亮度和颜色并不一致，因此会出现一张全景图上原来各图像之间的明暗、色彩差异，因此必须进行测光优化。测光优化后，拼接形成的全景图像在重叠区域（过渡区）的边界痕迹也要消除，这就是图像融合。最后把球形空间大视角范围的全景图变换为平面可视图像，以方便对图像进行数据分析、理解、判断。

二、无人机图像配准

无人机图像配准是指通过无人机图像之间的特征来计算相应的变换模型，并利用计算得到的变换模型将对应多张无人机图像定位。图像配准首先需要提取图像特征，然后根据得到的特征进行特征匹配，并通过一定的算法寻找合适的变换模型。

图像配准包括特征空间、搜索空间、相似性测度和搜索策略这几部分。特征空间有点、线、面之分，它们的作用各不相同，其中点可以降低特征的存储，线主要表示图像的纹理，良好的纹理对于图像的表达至关重要，对于图像区域局部信息的精确表示具有重要作用；搜索空间在图像处理领域中是指可行解组成的空间，包括点、线、面的特征搜索空间；相似性测度是指图像变换的两个特征空间中的两个点、线或区域是同一个实际区域，用得较多的相似性测度标准包括互相关、互信息以及欧氏距离等；搜索策略是为了使两幅图像相似性测度最大而采取的在整个搜索空间中寻求最优变换的一种方法，常见的搜索策略如群体智能算法、遗传算法、量子算法以及多尺度变化搜索等。

目前常用的无人机图像配准类型大概有三类，即基于像素的图像配准、基于变换域的图像配准、基于特征的图像配准等。其中基于特征的图像配准方法由于有较高的自动化程度，能进行自动图像配准，因此目前这类图像配准方法应用较为广泛，无人机图像配准技术是由普通图像配准技术发展而来的，与普通图像配准技术相比，无人机图像具有很高的分辨率，其配准过程运算量较大。

三、无人机图像融合

由于无人机是在飞行中生成图像，包括天气、风向、姿态、速度、地形等都会对无人机图像的生成产生影响，会造成生成的无人机图像色彩不连续、失真等，必须在待拼接图像与参考图像之间经过一定的变换，并得到各图像的重叠部分，然后经待拼图像与参考图像变换的各图像在新的空白图像上映射成一张完整的大幅无人机图像，这个过程就是图像的融合。另外，若是普通的相机，由于曝光参数的自行选取，图像融合时需加以处理，否则会有拼接线产生。必须注意图像融合只能融合重叠区域，并且选取的合成策略不能太复杂，否则既影响融合速度，也影响融合效果。图像融合的层次主要有像素级、特征级、决策级等，其中像素级特征融合较为准确，目前选用较多，并且对基于像素级的图像融合也有一些较好的改进算法，主要包括基于空域和变换域两种方法。

1. 基于空域的图像融合

由于无人机图像是彩色图像，在使用比较法或加权平均法时，可以采取将彩色图像的红（R）、绿（G）、蓝（B）三个通道分别融合，最后再合成彩色图像的方法。也有的采用 HIS 空间的方法，此方法融合过程中将强度（I）分量融合形成新的分量，融合结束后再将图像转变为RGB模型。因此，此方法由于I分量的替换，对图像的空间分辨率、光谱和统计特性影响较大，易使融合后的图像分辨率降低或光谱失真，因此这种方法在实际中并不实用。

2. 基于变换域的图像融合

基于变换域的图像融合是将图像从原域变换成变换域后，在变换域上对待融合图像进行融合，然后再逆变换回原域的图像融合方法，主要有基于傅里叶变换算法、基于多分辨率金字塔算法、基于小波变换算法等多种图像融合方法。比较典型的有拉普拉斯金字塔多分辨率图像融合算法，此方法在两幅图像已完成配准的情况下，用拉普拉斯金字塔分解算法进行分解。然后在分解后的不同分辨率及不同频带的各个子层上使用相应的融合算法进行融合，这样可以将图像的特征和图像的细节融合在一起。这种算法由于采用了层层融合的方法，对图像拼接中的拼接线能较好地消除，能得到较好的融合效果。但由于拉普拉斯金字塔分解过程复杂，运算量较大，实际运用起来效率较低，实际中基于小波变换域的图像融合算法运用较多。

四、基于改进 SIFT 算法的特征提取

Moravec 角点检测算法虽然检测速度快，但检测方向太单一，因此检测效果较差，几乎检测不到突出的特征点。而 Harris 角点虽然可以增加到任意方向，效果也比 Moravec 角点检测算法要好，但由于在整个算法过程中只采用了一阶导数，不具备尺度不变性。LOG 算法相比 Harris 角点算法其特征点检测效率大大提高，但算法过程过于复杂，导致算法过程耗时过多。SIFT 采用 DOG 算法，与 LOG 算法相比，虽具有尺度旋转不变性，但所取得的特征冗余过多，时间仍然较长，研究表明，SIFT特征检测时间占SIFT算法拼接时间的70%以上，远超过其他步骤的时间。

高斯差分尺度空间金字塔中，SIFT 算法的极值点产生，进行极值点比较时，尺度空间内的一个像素点既与邻域内像素点比较，也与上下相邻尺度空间像素点进行比较，这样不仅能保证该点是二维图像中的极值点，也能保证是尺度空间中的极值点。但传统方法特征点太多，实验证明，在两幅图像配准时，一般情况下几十对高精度的特征点对就基本上能满足要求，但实际进行图像配准时，产生的特征点数量有时远远超过这个数字。因此要提高算法的效率，就必须减少特征点数量。

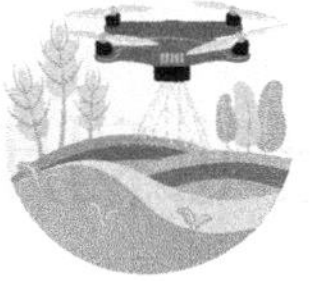

第五章

无人机农田空间位置与土地利用监测

随着农村城镇化进程的加快，土地资源日益紧张，大量闲置、废旧的房屋及落后的基础设施建设等已经造成严重的土地资源浪费，农村土地利用现状与发展方向引起了越来越多的关注。及时、准确地掌握农村土地利用现状与变化，对政府决策以及各级土地管理部门对土地利用规划的实施起着至关重要的作用。

土地资源作为重要的自然资源组成部分，是农业生产的基本资料，以及一切经济、社会活动的基础。土地利用 / 土地覆被变化是目前研究的热点，其中土地利用 / 土地覆被分类是研究变化的基础。传统实地调查方式耗费大量人力物力，空间技术的发展，使得通过对遥感影像数据解译进行土地利用分类得到了广泛应用。

遥感技术作为一种能够快速、高效获取地面信息的高科技技术手段深受人们欢迎，高分辨率卫星、航空遥感技术已在土地监测方面成功运用。影像空间分辨率影响着对影像地物的提取效果，空间分辨率越高，地物像元的纯净度以及轮廓清晰度越高，提取效果越好。随着土地监测对影像提取效果要求的提高，低成本、机动灵活且具有更高的空间分辨率成为遥感技术的重要发展方向。而日益成熟的无人机遥感技术迎合了这一需求，不仅能对土地利用变化进行快速、高效、低成本的动态监测，还能获取更加丰富的空间信息和细节，以及更突出的地物结构特征、纹理信息和分布情况。无人机遥感技术的发展与应用可为今后对土地利用变化进行空间分析、动态监测等研究提供更丰富、实时、准确的信息。

第一节　土地利用现状调查

土地利用现状调查，即查清一个行政区域内各用地类型、分布、面积和利用情况。是对土地的自然属性、社会经济属性和其他因素进行综合调查，并以面积、地类、权属等形式表现出来。调查清楚我国土地资源的种类、分布、数量、利用状况，能够满足土地统计的需要、满足编制国民经济计划的需要、满足编制土地利用图件的需要。我国先后进行了两次全国范围及无数次地方区域性的土地利用现状调查。伴随着遥感技术的迅速发展，特别是近几年来无人机的广泛应用，土地利用现状调查的方法也有了新的变化，调查思路也有了新的扩展。

详细、真实的土地利用现状基础数据，是保障国民经济协调、持续、全面发展的根基，对国民经济与社会发展战略决策具有重大意义。而我国经济的高速发展使得土地利用现状每天都在发生着变化，在我国现代化建设过程中，如何保证经济发展与资源、环境的协调、可持续是当前重大的战略性课题。

运用无人机遥感低空飞行，可以弥补以卫星、大飞机等为平台的航天航空遥感在我国西南多云多雾区域难以高效率获取遥感数据的缺陷，得到含有相比于低分辨率遥感影像更丰富的空间信息、更明显的地物几何信息和纹理信息的高分辨率航空影像，从而能更好地识别地物的类别属性信息，快速实现对土地利用信息的可视化。

土地利用调查是对土地资源合理管理的需要，土地利用调查成果能够使土地资源管理规范化、信息化、社会化。通过对土地利用的类别、分布、面积、权属等的调查，获得最新的土地利用现状基础数据和图件，最终建立现代化的土地管理数据库。但是土地利用现状调查工作量大、工序繁多，需要探索一种快速、客观、准确的技术方法来解决这些问题，从而实现土地资源的科学管理和宏观调控。多山地形及阴天时间长的气候条件，使得卫星数据的采购时间长、时相不一定满足要求、分辨率较低。而空域管制及气候因素的影响也使得传统航空摄影往往不能满足对时间周期要求高的任务，并且传统航空遥感成本高，数据分辨率和成像质量也不一定能完全满足需要。无人机航空遥感系统集成了无人驾驶飞行器系统、导航定位系统、信息获取与处理系统等，能够快速获取高分辨率的遥感影像，是一种高效、灵活、专用、小型化、低成本的航空遥感系统。无人机遥感的应用领域已经从最初的军事侦察、国防预警等军用领域，逐步扩展到土地资源勘察、气象环境监测、灾害应急测绘等民用领域行业，具有广阔的应用前景。

一、国内外研究现状

1. 国外研究现状

农业地理学创始人杜能提出了土地利用的区位模式。国外早期的土地利用研究主要是土地利用调查。20 世纪初美国就开展了土地利用调查。英国也进行了区域性的土地利用调查，并于 20 世纪 30 年代开展了全国土地调查，形成了大量的调查成果与总结报告、分析报告、土地利用专题图等，这些成果为后来土地调查技术研究提供了大量的技术参考。20 世纪 40 年代，土地调查在全球范围内全面开展，澳大利亚、加拿大、荷兰、日本以及拉丁美洲一些国家都开展了此项研究，并逐步由土地利用研究转移到土地利用规划上面，为城市建设提供基础资料。20 世纪中期，美国、日本及欧洲大陆部分国家等先后开展了大规模的土地利用调查研究、国土整治与开发研究、土地规划研究，出现了一批理论研究成果。20 世纪 70 年代，联合国粮农组织拟订的《土地评价纲要》发布。该纲要主要针对农用地，标志着土地调查与土地评价研究逐步走向成熟。随着国外航空航天技术的发展，遥感技术在土地调查方面有了进一步的发展。特别是现状图的编制，因为其应用直观方便、有全局把控条件，已经成为遥感专题制图的热门课题。美国十分重视土地利用现状图的编制，于 1977 年底编制完成了其 30% 领土的土地利用图；菲律宾也在同年仅用了四个月的时间完成了其 1 ∶ 50 万全国土地利用现状图；卫星遥感发达国家为第三世界国家制作了中小比例尺的土地利用现状图。

21 世纪以来，环境与人类活动的关系越来越密切，可持续发展的研究受到越来越多的关注，逐渐形成了土地利用与可持续发展交叉结合共同研究的新领域。在这些研究中，土地利用现状调查的技术方法与可持续发展的评价方法进行相互结合，对彼此的发展都起到了重要的作用。

2. 国内研究现状

我国作为农业大国，农业的发展一直带动着其他技术研究的进步，包括土地利用调查的研究，最早反映古代土地利用研究思想的作品是《禹贡》。1949 年前，地理学家、农学家等就开始研究土地利用，代表人物有胡焕庸、任美锷和张心一。20 世纪中期，我国开始了对土地建设规划的研究，大量的专家学者投入到此项研究中。20 世纪 80 年代初，由吴传钧主持，开展编制和研究全国 1 ∶ 100 万土地利用图的工作。20 世纪 80 年代后，出现了土地利用与土地整治相结合的研究，提出了土地开发与土地整治、保护协同发展的概念，逐渐形成了人地关系和谐发展的土地利用研究思想。20 世纪 90 年代后的调查研究主要集中在研究模型的构建方面，构建了一批有价值的研究模型，这些模型为以后土地利用的定性、定量研究打下了坚实的基础。

我国遥感技术发展较晚，导致利用遥感技术来进行土地调查的研究也比较落后。1981 年我国才开始将航空航天遥感技术运用到土地利用现状调查上，并运用遥感技术编制了土地利用现状图。1984 年我国开展了第一次全国土地调查，采用的基础数据包括普通航片和部分正射影像图，这些数据比例尺不同，时相落后，而且收集困难。由于编制土地利用现状图后，外业调查没有及时进行，给当时的外业调查增加了很多的困难，工作量也成倍增加，效率很低，调查的质量也受到严重影响。

2007 年开展了全国第二次土地利用调查，当时技术相对成熟，并且许多基础资料由国家统一购置、制作，第二次调查的实施效率及成果质量与第一次调查相比有了很大的提高。自 2017 年起开展了第三次全国国土调查，2021 年 8 月 26 日，自然资源部公布了此次调查的主要数据成果。

二、无人机遥感土地利用现状调查步骤

（一）无人机遥感数据获取

无人机遥感数据获取前，第一步要进行完备的方案制定，做好资料收集与准备工作，明确所需采集的内容。第二步进行航线设计，对所需采集区域完成航线前期计划工作。第三步需要进行采集区域空域申请，完成实地勘察工作以及飞机起降场地选取，并进行飞机起飞前各项检查工作。

完成以上准备工作后，进行实地无人机低空遥感航摄工作，并于现场检查航摄质量。如质量符合航摄标准，保留航摄资料，进行下一步遥感数据处理；如航摄资料质量不符合航摄标准，重新进行航摄，直到航摄资料符合航摄标准为止。

（二）无人机遥感数据快速处理

数字正射影像（DOM）是利用 DEM 对航空像片进行影像纠正、镶嵌、裁剪，得出最终的影像数据。航拍后的数据主要包括原始 JPG 格式照片数据和相机机载定位定向系统（POS）数据。要进行无人机数据快速处理，还需要外业实测的控制点数据。无人机遥感成像工具多采用数码相机，影像幅宽小、数量多，有较大畸变差等问题。要想快速获得正射影像就要借助软件进行自动化处理。目前，常用的无人机影像快速处理软件包括 PCI、ERDAS-LPS、PixelGrid、Geoway、DPGrid、TopGrid、CASMImageInfo、VirtuoZo、Inpho、Pix4Dmapper 等，这些软件大都可实现无人机数据的自动化处理。

（三）关键技术环节

1. 实地踏勘和场地选取

（1）实地踏勘　航拍前需要进行无人机起飞和降落场地的选择，并制定飞行航线（包括飞行应急预案）。

实地踏勘时，使用便携式手持或车载 GPS 设备，记录起飞降落的场地以及重要目标的坐标，结合搜集到的地图或图像数据，确定相对无人机航摄时的飞行高度。

（2）场地选取　按照无人机的起降方式，找出合适的起降场地，一般如果不是应急性质的航摄任务，无人机起飞降落场地应满足以下要求：

① 距离机场 10km 以上；

② 场地平坦，周围通视条件良好；

③ 半径 200m 范围内不能有高压线杆、重要设施等；

④ 将天然地面改造成无人机起飞所要求的设计平面，清除场地内的尖硬物、凸起物；

⑤ 四周应无正在使用的雷达站、微波中继、无线电通信等干扰信号源。在预选场地测试信号的频度和强度，排查各种不能确定的信号源。如果系统设备受到干扰，须协调排除或降低干扰信号源，必要时，考虑更换起飞场地。

2. 摄影航线设计

（1）航线敷设　无人机飞行可以有多种航线敷设方法，常规的航线敷设方法包括航向敷设及旁向敷设。航向敷设主要是在平行于航飞区域边界线部分，为保证边界上的像片覆盖率满 30% 的要求，一般设计首末航线在边界线上或者线外。旁向敷设要超出边界线至少一条基线。如果航拍任务有分区，每个分区要保证各自满幅（图 5-1）。

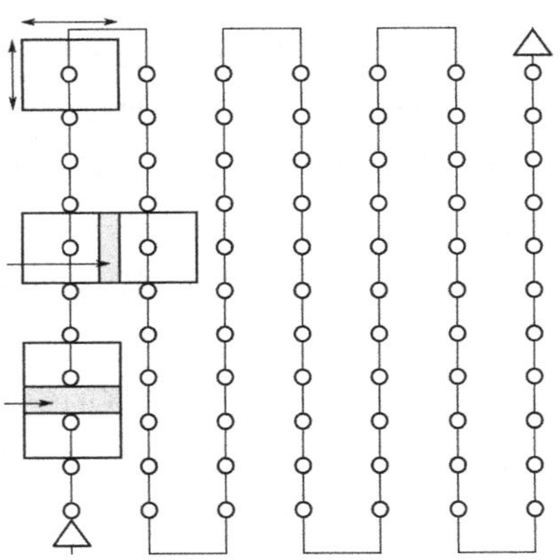

图 5-1　航线设计规划

（2）重叠度　不同地势条件下的像片航向重叠度及旁向重叠度指标要求参考如下：

① 平地：65%±2% 和 40%±2%；

② 丘陵：70%±3% 和 40%±3%；

③ 山地：80%±5% 和 40%±5%；

④ 城市地区：80%±5% 和 50%±5%。

（3）旋偏角　旋偏角指的是相邻两像片的主点连线与像幅沿航带飞行方向的两框标连线之间的夹角，一般不大于 6°，个别最大不能大于 8°。而且在一条航线上，不能有连续 3 片有达到或者超过 6°的情况。在一个摄区内，像片的最大旋偏角是临界值的片数不能超过总片数的 4%。在高低落差大的区域，可以插补飞行航线。

3. 影像畸变差改正

因为无人机航拍携带的相机均为非测量相机，在无人机遥感系统中，非测量数码相机作为低空遥感航空摄影设备，获取的是没有软片变形的数字影像数据。而且数码相机存在像幅小、影像覆盖面小的特点，所以可以忽略地球曲率引起的误差。无人机采用低空摄影，所以还可以忽略大气折射引起的误差。因此，物镜畸变差是无人机遥感影像处理数据系统误差的主要因素。物镜畸变差会导致影像的像素点到偏移错误的位置上，即光学畸变差。光学畸变差改变了景物的实际地面位置，需要对其进行畸变差改正后才可以进行空三加密。

目前国内外畸变差校正有成熟的技术方法，可实现软件快速检校传感器的畸变参数，进行全自动畸变差改正。

4. POS 辅助全自动空中三角测量

空中三角测量主要是根据外业实地测绘的控制点，内业利用数据模型进行控制点加密，进而加密区整体平差，解算各像素坐标点。POS 辅助全自动空中三角测量是将 POS 数据引入空三运算中，将像片自动量测的连接点和外业实地观测的地面控制点作为辅助数据，进行空中三角测量，进而获得更高精度的运算结果。

POS 是基于 GPS 和惯性测量单元（IMU）的直接测定影像外方位元素的现代航空摄影导航系统，它可以用于地面控制点较少，甚至无地面控制点的情况下航空遥感对地定位和影像获取。

大量试验证明，空三处理时仅仅使用像片的连接点进行联合平差，也能大大提高 GPS/IMU 获得的外方位元素的精度，尤其是高程精度和稳定性。如果再引入地面控制点，平差模型更稳定，平差结果与常规的空三平差结果会非常接近。如果是高精度的点位测定，在区域网的四角需要量测 4 个控制点；如果是山区、高山区中小比例尺的航空摄影，可以考虑无控制的空三方法，使用 GPS/POS 辅助全自动空中三角测量（图 5-2）。

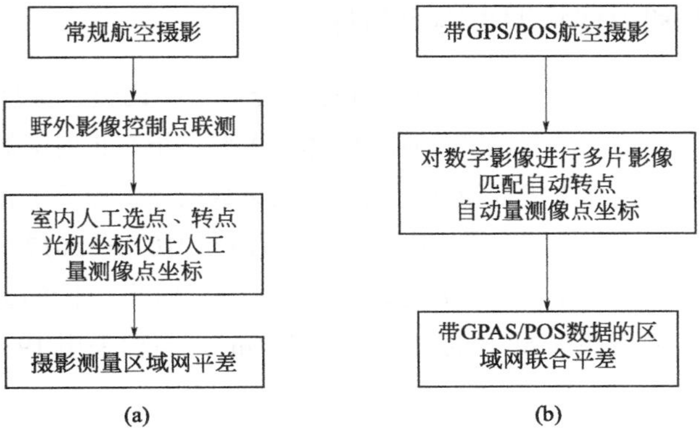

图 5-2　摄影测量区域网平差的主要过程

目前，大部分无人机数据处理软件都可以实施全自动空三加密，用户只需要按照相应软件格式要求准备好原始影像、POS 数据、相机参数文件、控制点文件，即可通过几步简单设置，来进行自动空三解算、自动或半自动像片刺点以及空三成果输出。

三、土地利用现状解译与调查

（一）土地利用分类

土地利用分类指为了对土地资源进行统一的科学管理而进行土地资源调查时，从土地利用现状情况出发，结合土地利用现状的地域分布规律、土地不同用途、土地利用方式差异性等，将一个国家或地区的土地利用情况，按照一定的层次等级体系划分为若干不同的土地利用类别。

（二）土地利用现状调查方法

采用内外业一体化的作业方法，在航空正射影像的基础上，基于 GIS 平台，将 DOM 影像数据与行政界线套合，对影像结合解译标志进行地类判读，然后勾绘出土地利用现状图斑，确定图斑边界及属性信息。内业目视解译结果要制成外业调查底图，交给外业调查员，通过野外实地调查与核查，对行政界线、权属界线、地类图斑边界、地类图斑属性进行确认。外业工作结束后，由内业作业员直接在计算机上采用相应的技术软件，完成对解译结果的修改及相应属性信息的重新录入，并对属性数据进行分析处理，根据土地利用的类型、权属、面积、分布及利用情况等信息数据，建立起土地利用数据库。

此方法以遥感影像为主要信息源，根据遥感影像上反映的地类特征来判断用地类型，与传统的调查方法相比，具有地类判读迅速、现势性强、工作效率高的特点。

（三）土地利用现状调查内容与标准

解译是对遥感图像上的各种特征进行综合分析、比较、推理和判断，最后提出感兴趣的目标信息。土地利用现状解译，主要是指在正射影像上，对各种土地利用类型借助解译标志进行识别，然后在采集数据库中计算出各地类的用地面积。目前主要参照标准《土地利用现状分类》（GB/T 21010—2017）。

解译标准主要是指解译过程中的数学基础、分层标准、采集标准等。

数学基础：采用西安 80 坐标系，单位为“m”；高程采用 1956 黄海高程系，高程坐标单位为“m”。

分层标准：采用地类图斑（DLTB）、线状地物（XZDW）、零星地物（LXDW）、权属界线（QSJX）四层来存储解译内容。

采集标准：矢量数据按 1 ∶ 5000 比例尺要求进行数据采集（表 5-1，表 5-2）。

表 5-1　面状图斑采集标准

一级类编码	名称	最小上图面积
01	耕地	200
02	园地	200
03	林地	375
04	草地	375
10	交通用地	宽度 >10m
11	水域及水利设施用地	河流沟渠：宽度 >10m 其他面积 >375
12	其他土地	375
20	城镇村及工矿用地	100

表 5-2　现状地物采集标准

一级类编码	名称	最小上图宽度 /m
10	交通运输用地	1 ≤南方宽度＜ 10 2 ≤北方宽度＜ 10
11	河流沟渠	1 ≤南方宽度＜ 10 2 ≤北方宽度＜ 10

图层属性结构设置：外业调查底图设计将纸质底图与电子底图相结合使用，来提高工作效率。由于外业调查核查成果最终还要返回内业进行编辑整理，在设计图层属性结构时，除每个图层保持与二调数据库中属性结构一致外，分别需增加以下字段来进行内外业的连接（表 5-3）。

表 5-3 部分属性结构设计

属性项	描述	数据类型	长度	属性补充说明
UNICODE	唯一编码	TEXT	32	唯一识别编码
PREORECORD	内业问题记录	TEXT	255	用于标注内业采集过程中的问题信息，供外业实地核实或者方便数据质量检查
OPERATOR1	内业工作人员	TEXT	32	—
RESULT	外业核查结果	TEXT	255	用于标注外业实地核实结果，供内业编辑修改
OPERATOR2	外业工作人员	TEXT	32	—

（四）土地利用现状调查解译标志建立

在遥感影像上，不同地物由于光谱反射度不同，表现为不同的纹理、色调、明亮度、组合形式等影像特征，这些特征都称为解译标志。解译标志是内外业调查判别各种土地利用类型的依据。

解译标志分为直接解译标志和间接解译标志。直接解译标志是地物本身的有关属性在图像上的直接反映，主要包括影像上地物的色调与色彩特征，以及影像上地物的形状、大小、阴影、相互位置关系特征。间接解译标志是指与地物的属性有内在联系，通过相关分析能够推断其性质的影像特征。

经常用到的间接解译标志有，与目标地物成因相关的指示特征、指示环境的代表性地物、成像时间作为目标地物的指示特征。

直接解译标志直观、易懂，间接解译标志需要综合分析。在影像解译过程中常常通过对正射影像数据的分析以及实际利用现状，对试验区构建直接解译标志。

（五）土地利用现状调查目视解译

航空像片为俯视中心成像，从航空像片上可以看到地物的顶部轮廓。因此，航空影像解译需要掌握“鸟瞰”目标地物解译经验和技巧。

常用的目视解译的方法有五种：

（1）直接判读法　使用的直接判读标志有色调、色彩、大小、形状、阴影、纹理、图斑等。直接判读法主要是针对特征很有独特性的地类，比如机场，根据其特有的建筑特征，能直接从影像上判读出来。

（2）对比分析法　包括同类地物对比分析、空间对比分析、时相动态对比。

（3）信息覆盖法　利用透明专题图或透明地形图与遥感图像复合，根据专题图或者地形图提供的多种辅助信息，识别遥感图像上目标地物的方法。

（4）综合推理法　综合考虑遥感图像多种解译特征，结合生活常识，分析、推断某种目标地物的方法。

（5）地理相关分析法　根据地理环境中各种地理要素之间相互依存、相互制约的关系，借助专业知识，分析推断某种地理要素性质、类型、状况与分布的方法。

一般遥感影像目视解译分为五个阶段：

（1）目视解译准备阶段　主要是对专业知识的学习及解译标志的识别，搜集解译区相关资料，多查看遥感影像与实地的对照。

（2）初步解译与判读区的野外调查　初步解译的主要任务是掌握解译区的特点，确立典型解译样本，探索解译方法，为全面解译奠定基础。并根据初步解译成果进行外业实地调查，以建立地区性的判读标志。在此基础上制定出影像判读的专题分类系统。

（3）室内详细判读　主要包括统筹规划、分区判读、循序渐进、去伪存真，保证内业解译质量。

（4）野外验证与补判　对解译成果进行野外校验，对室内判读中遗漏的疑难问题再次解译。

（5）成果整理　对解译成果进行整理，及时保存最终成果。

（六）土地利用现状外业调查

1. 外业调查内容

根据内业解译成果，套和数字正射影像、其他专题资料，根据内业疑问图斑及疑问地物分布的位置，进行线路规划，实地解决全部内业采集时的疑问图斑。并在规划路线行进两侧对全部地类图斑进行属性核查，对内业采集的地类图斑、线状地物、零星地物的属性、边界、实地进行抽样调查核对。对于实地新增或已变化的图斑地物，应进行实地外业补调或补测。

外业调查补测主要是根据外业调查图斑的位置，合理规划调查路线、确定调查重点以及一般查看的内容，做到心中有数。既要对内业解译内容进行全面核实和补充调查，保证成果质量，又要突出重点，提高效率，发挥内业解译的作用。调查过程中采用数字调查方式和纸质底图标绘相结合的方法。

2. 外业调查原则

外业调查要坚持实事求是的原则，要抵制各方面的干扰，做到调查数据、成果图件、实际地类三者一致，防止人为弄虚作假、随意更改外业调查结果等行为发生。严格执行技术规定中关于调查内容、技术要求、调查方法、精度指标、成果内容等方面的要求，保证调查成果的统一规范。

为了提高工作效率，外业调查要秉承继承性原则，对过去的调查结果，经充分确认核实，正确的可以使用的就可以继承使用，这样既可以节省外业调查时间，又能保证阶段成果互相衔接。充分利用以往调查成果，如土地变更调查成果，发挥它们在地类、界线、属性等调查的辅助作用，提高调查的准确性和效率。

3. 外业调查方法

外业调查将采用现代信息技术，在现状内业解译、实地外业调查、最终成果编辑整理等方面，全部实现数字化，满足对成果的管理及使用的需要。使用相关电子化作业系统完成。

将作业区 DOM 以及内业采集数据以相应比例分幅形式输入电子化作业系统中，然后进行外业调查与核查。

（1）路线规划方法 在外业调查与核查前，应该充分了解工作区域内地理交通、人文等的情况，了解疑问图斑的分布情况，合理安排调查路线，尽可能做到全覆盖疑问图斑。

因为野外调查工作受天气因素、自然环境、地势条件以及人力资源等多方面条件限制，调查开始前应在内业进行详细设计，充分根据工作区域的交通条件进行路线设计，在保证生产安全的前提下，规划合理、可行的调查与核查路线。

（2）权属调查方法

① 对已经有明确权属的资料，经核实资料符合实际、实地未发生权属变更的，可以使用原始的权属资料，不需要再次进行土地权属调查。

② 对已经有明确权属的资料，经核实手续不完备的，可以补充办理手续后，直接使用，不需要重新进行外业调查。

③ 未进行过权属调查地区或已经有明确的权属资料，经核实与实地界线不一致的，应按《第二次全国土地调查技术规程》要求开展权属调查或重新确权划界，并签订《土地权属界线协议书》。

（3）地类调查方法 地类调查主要分为以下步骤：

① 当影像上地类界与实地一致时，图斑在内部画“√”或不处理；

② 实地地类与内业解译不一致时，将实地地类图斑编码直接填写在外业调查结果栏；

③ 实地边界与内业解译边界不一致时，将地类界直接调绘到调查底图上或者调出图斑的范围草图；

④ 实地地物与影像不一致时，进行实地补测；

⑤ 利用勘界资料直接转绘在土地利用现状调查底图上，但必须实地核实确认；

⑥ 将各单位用地坐落、权属性质、地类编码、土地类型、线状地物宽度等属性，标在调查底图或记录在《土地调查记录手簿》上。

4. 外业工作底图制作

（1）数据提取 包括内业解译的地类图斑、线状地物、零星地物、地类界线及内业疑问图斑（包括点、线、面三种形式）。

（2）工作底图配图

① 图层叠加顺序。在软件中将所有数据图层分为地类图斑、线状地物、零星地物、地类界线、内业疑问图斑，按照面层在最下层、点层在最上层的疑问图斑层在相应图层上面的原则调整图层顺序。

② 符号注记设置。根据设计方案中符号样式，在出图软件中配置好相应图层的符号及注记，设置图名、图例、比例尺、指北针等后，进行批量输出工作底图。

5. 土地利用现状内业编辑与整理

土地利用现状内业编辑与整理指内业在外业实地调查结束后，基于外业调查成果，结合航空正射影像及专业数据资料，对内业采集的地类图斑、现状地物、零星地物、地类界线进行类型、边界、属性的修改编辑、接边，经过质量检查形成满足相关技术规定要求的土地利用现状调查成果。并在此基础上进行土地利用现状图制作，进行地类统计分析。

第二节　土地整治监测

土地整治是当前中国提高土地利用效率和支持农村发展的有效手段，对保护耕地资源、完善农田基础设施、改善农业生产条件、增加农民收入等都发挥了积极作用。土地整治项目建设的基础设施，直接服务于农民的生产生活，是实现农用地高产稳产、旱涝保收的重要保障。当前土地整治项目竣工验收后主要采取整体移交方式，所建基础设施一般交由基层政府进行管理，但由于缺乏专项资金支持，部分基础设施由于管护责任不落实、管护措施不到位等，出现路面损坏、沟渠淤积等问题，一定程度上影响了整治作用的持续发挥。因此，通过科学方法对土地整治项目基础设施建后利用进行实时、动态监测，对提升土地整治项目建后管理水平，促进土地整治项目持续发挥等都具有重要意义。

随着遥感监测技术从大尺度到小尺度，从低精度向高精度的方向发展，土地整治遥感监测技术逐渐成为土地整治监测的重要组成部分。有效的土地整治监测不仅涉及建设任务和工程数量，还需了解工程质量和实际利用情况，而现阶段卫星影像的分辨率及纹理特征尚难以实现这一目标。因此，寻求一种可靠且高效的技术手段来提高基础设施监测的效率和精度，是当前土地整治监管中亟待解决的现实问题。田间道路工程和灌溉排水工程为土地整治工程中重要的线状地物。目前对整治工程线状地物识别已有大量研究，其中地物分布信息提取主要基于遥感卫星影像数据，识别方法主要有监督分类法与目视解译法相结合、自组织分类法、数字高程模型（DEM）提取法及面向对象法等。监督分类法与目视解译法识别精度高，但自动化程度较低；自组织分类法在地物异质性比较复杂的情况下表现较差；DEM提取法受数据源影响，识别精度有限；面向对象法需要将影像划分为包含光谱、形状、纹理特征的影像对象，对影像要求较高。从识别方法来看，除目视解译法外，已有研究方法对数据源的格式及精度都有较大限制。

无人机遥感平台具有运载便利、灵活性高、作业周期短、影像数据分辨率高等优势，可提供丰富的地物空间结构和细节信息，在关键地物提取、自然灾害监测、水土保持监测等方面取得了广泛的应用。无人机遥感技术在表达地物几何纹理、拓扑关系等特征参量方面更为细致，增强了对地物的识别能力，对关键地物信息的提取更加快捷、完整。在借助无人机进行土地整治项目监测方面，多利用地物与背景之间的光谱与纹理差异实现分类，如整治区作物分类，路网、沟渠提取，作物产能评估，等。在地物提取与状态识别方面，当前线状对象遥感识别研究主要集中在如何提高研究对象的识别精度和效率，土地整治工程基础设施监测需要对目标地物自身状态进行判别，而已有研究对此关注较少。因此，需要寻求一种影像获取简便、精度适中、方法智能的监测手段，满足土地整治建后利用监测快速、准确的工作要求。

近年来，国土资源部（现自然资源部）陆续下放了土地整治项目管理的具体权限，逐步形成了“部级监管、省级负总责、市县组织实施”的土地整治管理格局。在简政放权、转变政府职能的大背景下，国家层面的监管深度和范围进一步加大。土地整治项目监管亟待从试点阶段的“点射”转变为全面推进，以切实掌握土地整治的建设任务完成情况，将“该管的管住、管好、管出水平”。基于此，2013年以来，国土资源部土地整治中心及部分省市土地整治管理部门先后利用卫星遥感及无人机低空遥感在土地整治项目开工前、完工后进行影像获取，在提高项目的设计和管理水平、强化监测监管活动等方面取得了良好的效果。

由于摄影测量遥感步入全数字和低空无人机时代，实时高效的高分辨率影像获取能力的逐步提升以及低廉的影像获取及处理成本，无人机摄影与遥感技术在土地整治项目监管中应用的广度和深度日益拓展，仅靠提供图形和文字材料进行设计审核、进度管理、质量管理、竣工管理等，难以保证结果的客观真实性。而在项目实施前、实施中、竣工后获取高分辨影像，通过遥感技术可辅助项目承担单位进行项目区范围划定、土地清查、规划设计、竣工验收等基础工作，同时也为项目区范围选定、项目规模和工程信息的可靠度、真实性和合理性审查提供了有效的技术手段，为国家、地方等各级管理者提供了从多维角度和宏观尺度认识和监管土地整治项目的新方法、新手段，开辟了土地整治项目监管的新视角。

一、无人机遥感技术在土地整治监测中的应用

1. 施工前获取项目区高分辨率遥感影像

（1）辅助规划设计　现阶段土地整治规划设计利用二调土地利用现状图，结合野外调查和野外测绘编制而成，受比例尺（二调图为1∶1万比例尺）和全野外测绘精度影响，有的土地整治现状图测绘粗糙、地类调查错误，造成规划设计不合理甚至出现差错的情况。利用无人机高分辨率遥感影像图（DOM）叠加土地整治现状图进行辅助设计，可有效提升规划设计的真实性、可靠性。

（2）测绘土地数字地形图（DLG）　利用无人机摄影测量与遥感技术，结合野外调查和少量控制点，可在室内测绘土地数字地形图，有利于减少勘测成本、缩短成图周期、提升现状图编制及设计质量。

（3）优化施工设计　传统的施工设计采用的土地DLG，利用二维图形符号表达耕地、路、渠、沟等整治工程的分布，很不直观，制约了设计效率的提升，影响了设计的合理性。利用航测DEM和DOM叠加，形成真实三维模型，可有效地将三维可视化技术应用于土地整治项目的辅助设计中。

（4）工程资金的预测算　土地整治工程量是编制工程预算的基础数据资料，工程量是按照设计图纸上的几何尺寸计算的，除对设计图纸上已列工程量进行复核计算外，有些工程量如构造物的挖基支护与排水等，需结合工程实际情况进行计算确定。土地整治工程施工前利用无人机低空高分辨率影像可以重建整治前的高精度三维模型，对比规划设计图，可初步预测工程土石方量，有利于工程资金的预测算，方便工程审计、评价与决策。

2. 竣工后获取项目区高分辨率遥感影像

（1）项目管理需要　传统的项目验收通过竣工图和竣工验收报告来实现，竣工图由建设单位组织，是真实反映现场实际施工情况的技术文件，是对工程进行交工验收、维护、改建、扩建的依据，是项目验收的重要技术档案，也是工程项目结算的重要依据。但由于某些地方单位未按设计施工或不按现场实际绘制竣工图的情况时有发生，项目无法真实验收。利用微型无人机遥感技术可直观统计项目竣工后工程量的质量和数量，检查竣工图的真实性，可有效震慑项目管理过程中出现的违法违规行为。

（2）监测监管需要　将施工前、竣工后影像与现状图、规划图、竣工图进行比较，能够更加有效直观地体现“工程建没建、位置准不准、数量够不够”的监测思路。利用无人机航测衍生产品，可精准测算工程土石方平整量及工程挖填方的工程量，有助于完成工程监理、资金结算等工作。

（3）辅助评价决策需要　结合竣工后的遥感影像，对土地整治工程成效和影

响进行综合评估，为国家和地方制定土地整治总体规划和实施方案提供宏观信息支持。

二、土地整治项目遥感监测数据源选择

土地整治项目遥感监测的不仅是新增耕地、土地平整区域等面状工程的地类的变化，还要监测渠、沟、路、堤、坝、闸、涵、机井等土地整治工程构筑物的建设完成情况；不仅是“工程建未建”数量的变化，还要监测质量的变化，如监测渠、沟、路的材质、宽度、构筑物类型等属性及质量情况；不仅是渠、沟、路、堤、坝等线状工程的数量和质量情况，还需要监测到一些点状地物，如农用井、蓄水池、扬水站、涵闸、农用桥等。这些构筑物面积小或宽度窄，遥感监测难度大，因此土地整治工程项目的遥感监测，需要更高空间分辨率遥感数据才能满足全面监测的需要。

点状构筑物实地尺寸小到 1 ～ 2m，大到 4 ～ 5m；线状工程的顶部宽度小到 20cm 左右、大到 4 ～ 5m 不等。因此，对于土地整治工程的遥感监测，选择何种分辨率的数据源非常关键。根据人眼一般可以识别地物特征在 4 个像元以上，可简要推导出土地整治遥感监测对数据源分辨率的要求（表 5-4）。

表 5-4　土地整治遥感监测工程类型和数据源分辨率对应表

土地整治类型	面积 / 宽度	分辨率要求	数据源选择
新增耕地	大于 $100m^2$	1.0 ～ 2.5m	卫星影像
干渠、支渠	2.0 ～ 4.0m	0.5 ～ 1.0m	卫星影像
生产路	1.5 ～ 4.0m	0.4 ～ 1.0m	卫星影像
斗渠、农渠	0.3 ～ 2.0m	0.1 ～ 0.5m	航空影像
堤、坝、溢洪道	0.8 ～ 3.0m	0.2 ～ 0.8m	航空影像
农用井、蓄水池、扬水站、涵闸、农用桥、机井	0.6 ～ 4.0m	0.15 ～ 1.0m	航空影像

对于大面积的土地平整工程，数据源可以选择高分辨率卫星遥感数据，高分辨率卫星遥感监测效率高、成本低，并有存档数据可供利用。因此，卫星影像在监测面积大、地势平坦、新增耕地较多的项目区具有很大的优势。但卫星影像的分辨率很难满足线状工程及点状工程监测的需要；同时，土地整治项目区的面积一般都比较小（小到几百亩，大到几万亩）、位置相对分散、形状不规则等，造成卫星数据冗余量增大，使得卫星遥感数据采购成本相应上升，还会受到订购周期的影响。因此，卫星影像用于土地整治项目遥感监测也存在较大的局限性。

鉴于土地整治工程不仅要监测数量的变化，还需监测工程建设质量的情况，且现阶段卫星影像的分辨率及纹理特征较难分辨出土地整治工程构筑物的质量变

化，因此，建议除大面积土地平整工程外，其他项目区尽量采用航空影像对土地整治项目区进行遥感监测。

多年以来，卫星遥感影像尽管在分辨率和获取速度上有明显提高，但包括土地整治管理部门在内的越来越多的用户，更加渴望更高的分辨率及更加低廉快速的影像。对于应急及工程监管领域的大部分用户来说，快速获取高分辨率的信息更加重要，无人机的出现正迎合了这种需求。

通过对卫星影像、大飞机航空影像、无人机低空影像的优势及特点分析，无人机低空遥感技术是卫星遥感、航空遥感的有益补充，也必然是土地整治项目遥感监测数据获取最为有效的途径。无人机低空影像是土地整治项目遥感监测应该主要利用的数据源，微型无人机遥感技术也应该成为土地整治遥感监测今后主要的发展方向。

三、无人机遥感技术在土地整治监测中的应用技术设计

（一）土地整治监测流程

土地整治监测流程如图 5-3 所示。

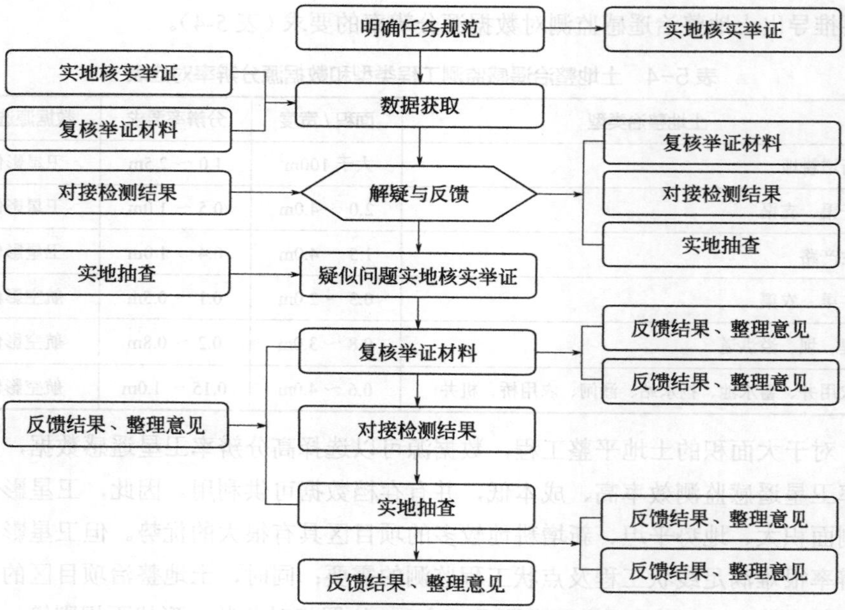

图 5-3　农业土地整治监测流程

1. 数据获取

明确监测任务后，首先需要获取两方面数据：

（1）地方提交项目基础材料　包括设计报告、现状图、变更后的规划图。已

竣工子项目在提供上述资料的基础上还需提供竣工报告和竣工图。

（2）遥感数据 根据规划设计图提取的范围，组织无人机航拍，根据监测重点，航飞分辨率设计为 0.10 ～ 0.20m 之间。

2. 解疑与反馈

按照“工程建没建、位置准不准、数量够不够”的监测思路，分别在遥感影像上提取与规划图（竣工图）不吻合的新增耕地、沟渠和田间道路等疑似未建成工程，据此分析子项目的建设情况。在此基础上，以子项目为单位，形成疑似问题遥感监测报告、疑似问题遥感监测图、疑似问题核实表，将其反馈给省（市）级土地整治机构。

3. 疑似问题实地核实举证

省（市）级土地整治机构组织有关市县对疑似问题进行实地核实、拍摄举证照片、收集举证材料并填写疑似问题核实表，将核实成果提交国土资源部土地整治中心或省级土地整治机构。

4. 复核举证材料

上一级土地整治机构复核地方提交的核实成果，并分为三类处理：一是“确认完成”类，即举证材料依据充分，任务实地确认完成；二是“存在问题”类，即举证材料依据充分，实地工程确认不存在；三是“待核实”类，即举证材料依据不充分，情况依然不明确。

5. 对接监测结果

国土资源部土地整治中心与省级土地整治机构，或者省级土地整治机构与市（县）级土地整治机构当面对接复核结果，明确核实结论。

6. 实地抽查

国土资源部土地整治中心会同省级土地整治机构，或省级土地整治机构会同市（县）级土地整治机构，针对确认的“待核实”类问题进行实地抽查。

7. 反馈监测结果和整改意见

（二）无人机航摄技术指标和要求

无人机航摄工作技术流程如图 5-4 所示。

1. 系统基准

坐标系统和比例尺要与项目区规划设计图系统保持一致。一般平面采用西安 80 坐标系，高斯 - 克吕格正形投影 3 度分带；高程采用 1985 国家高程基准。

2. 影像分辨率要求

无人机航摄影像地面分辨率要求优于 20cm。

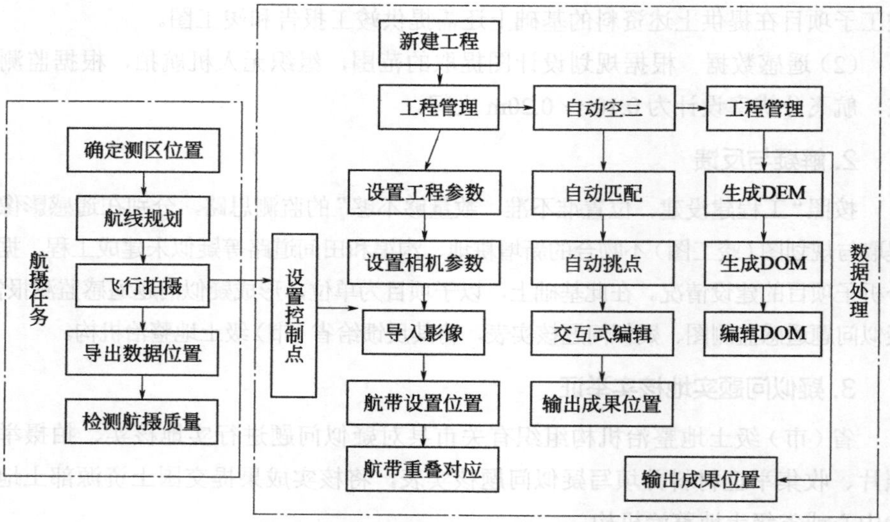

图 5-4　无人机航摄工作技术流程

3. 无人机正射影像图制作

（1）数据准备　主要包括无人机航摄影像和控制点数据。无人机航摄影像包括无人机航摄原始影像、航摄信息、曝光点位图（POS 数据）。控制点数据包括本区域已有的相关图件、用于空中三角测量的控制点坐标等。

（2）畸变纠正　利用专业无人机数据处理软件（如 DPgrid、PIX4D 等），输入传感器参数，对原始影像进行畸变差纠正。

（3）空中三角测量　利用专业软件，根据航测数据（POS 数据），采用自动与手动相结合的方式进行空三加密，加密过程中的各精度指标需满足 GB/T 23236—2009 规范及设计要求，生成空三加密成果。

（4）DOM 生产　利用专业数据生产软件和空三加密成果，生成 DEM，在此基础上进行 DOM 制作。运用 Photoshop 软件对 DOM 进行色彩饱和度、亮度、对比度等方面的调节，使其达到理想效果，然后作为标准模板对其余航片进行匀光匀色处理，最终生成合格的 DOM 成果。

（5）将 DOM 应用于土地整治项目验收　通常，土地整治项目竣工验收需要先测绘项目区竣工图，将竣工图作为项目验收的依据之一，通过竣工图与规划设计图比对，能够发现项目完成情况和项目变更情况，为判断项目实施是否按规划设计要求完成建设任务提供可靠的信息技术支撑。

利用项目区整治后的 DOM 作为土地整治项目竣工验收的依据之一，能够为项目的竣工验收提供真实有力的技术保证。首先，通过整治后的 DOM 能够直观地看到项目区的整体建设情况，如果与整治前的 DOM 进行比对，更能直接感受到项目区面貌变化。其次，将整治后的 DOM 与项目竣工验收图叠加比对，能够发现竣工图测量中存在的问题，如新增耕地位置不实、沟渠路测量的位置偏移等。

在实际工作中，利用 DOM 对竣工验收的项目进行检查，发现的问题主要为：一是项目竣工图整体偏移，这是由测绘竣工图的作业员在处理图像时无意移动造成的，因图内各要素的相对关系不变而难以发现；二是项目竣工图内个别要素测绘错位，特别是线状要素方向错位，这主要是由于项目内容有变更，而竣工图测绘是在现状图基础上完成的，有些竣工测绘单位投机取巧不到实地测绘，直接将现状图修改为了竣工图；三是竣工测绘完成的工程量不能判断是否属实，此时也可以通过与 DOM 相比较进行核查。

四、土地整治项目道路沟渠利用情况监测技术

土地整治项目基础设施使用状态的识别包括数据预处理、地物提取、特征分类和精度评价 4 个部分。首先，使用无人机进行航拍处理并拼接影像；其次，使用 ArcGIS10.2 进行关键地物提取；再次，基于词袋（BoW）模型进行图像特征分类，并将样本特征库导入支持向量机（SVM）分类器进行训练；最后，对分类结果进行精度评价（图 5-5）。

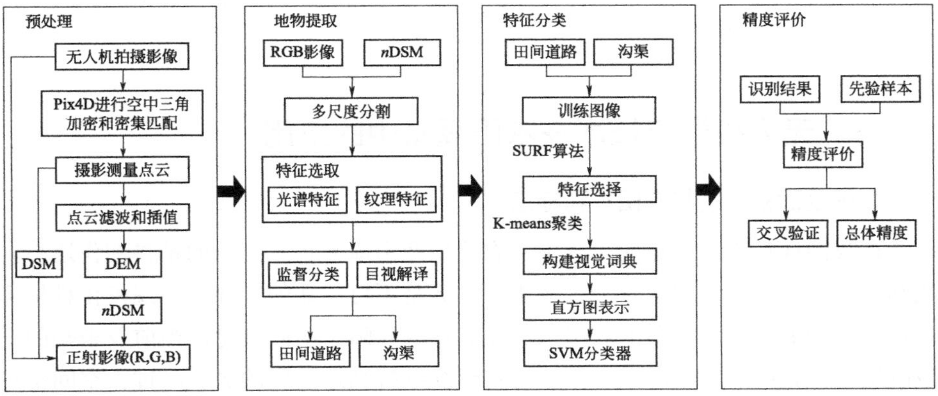

图 5-5　研究总体技术框架

DSM：数字表面模型

判断地物特征的关键在于图像特征描述。虽然人工目视解译能够较为准确地对影像信息进行特征抽象，但存在工作量大、效率低、主观性强等缺陷。BoW 最早用于文档识别与分类，近年来被广泛应用于图像目标分类与场景分类，其优点在于既可保存图像的局部特征，也能有效压缩图像描述。该模型首先获取影像的特征向量，通过聚类算法建立视觉词汇表，然后将图像解析为视觉单词，最后利用得到的影像视觉单词直方图来训练分类器。BoW 图像表达一般包含三部分内容，即特征提取、视觉词典构造和分类器训练。特征提取主要是为了表示图像，从给

定的图像中提取全局或局部特征；视觉词典构造主要对提取的图像特征进行聚类，以聚类中心作为视觉单词，将所有聚类中心进行集合，从而构造视觉词典；分类器训练用于全部图像的分类与识别。采用 BoW 模型进行特征抽象时，可有效弥补人工目视解译的缺陷。

第三节 农田灌溉系统监测

党的十九大报告提出了推动人工智能与农村农业的深度融合，建立健全智能化农业生产经营体系。基于此，我国智慧农业的发展迎来了前所未有的新时代。农业灌溉管理一体化是智慧农业发展的重要组成部分，涉及灌溉区域划分与水利施工、输配水网络识别、农作物种植结构信息采集、作物干旱胁迫预警等各个环节。随着我国科技水平的不断提高，空间信息技术得到迅速发展，农业灌溉管理数据由传统的实地调查变为通过遥感技术获取，不仅省时省力，而且大大缩短了数据更新周期，为将来发展规模化种植奠定了良好的基础。在农业灌溉管理中引入无人机遥感技术，不仅可以避免传统实地调查方式上人力、物力和财力的浪费，而且可以弥补卫星遥感的不足，为实现农作物灌溉的精准化、信息化及一体化作业提供有力保障。

一、无人机遥感技术在农田灌溉中的应用

1. 灌区面积识别与农田水利施工

在我国现行土地政策的引导下，农业生产由原来包产到户的精耕细作逐步向集约化模式转变。在农业生产过程中，灌溉是不可或缺的一环，当规模化种植形成后，作物灌溉需要完备的农田水利设施作为保障。由此可见，当前及未来的一段时期内，我国的农田灌溉工程建设将继续维持高速发展的势头。过去空间信息技术发展缓慢，农田工程建设过程中灌区面积的确定、灌区及周边地形地貌信息的收集需要人工测量，耗费较多的时间、人力、物力和财力，并且精度不能得到保证。近年来，随着空间信息技术应用推广，卫星遥感对灌区面积识别方面得到了较多的应用。然而，卫星遥感影像分辨率较低，难以准确获取灌区面积轮廓图像，且由于卫星运行周期长，获取资料的时效性较差，难以满足现阶段的水利规划工作要求。针对灌区面积数据资料获取难、时效性低等一系列问题，采用无人机遥感技术，可在较短时间内获取灌区面积及地形数据等资料，水利工程设计人员可根据无人机遥感影像对灌溉面积进行科学合理的规划。比如，以地下水作为灌溉水源，根据无人机遥感影像，结合当地的地质条件，可以科学设计灌区内机

井的个数、位置及蓄水池的个数、位置和容积等参数。若采用管道输水，可根据无人机遥感影像测得的地形高差，结合管道水力学知识，计算出科学合理的输水管道铺设方案，有效降低工程投资。若采用渠道输水，可根据地形图、地质条件和明渠水力学知识，合理地规划渠系路线，减小工程量，降低工程造价。

2. 灌溉渠系的快速识别与维护

田间灌溉管网和渠系是农田输配水工程中最重要的一环，灌溉管网和渠系分布信息的短周期更新是农田灌溉的重要保障。因此，定期对灌溉管道和渠道进行巡线，及时发现田间水利工程的破损并及时维护，可在旱灾发生时有效保障粮食生产安全。然而，灌溉管网和渠网分布范围广、铺设路线长，传统的人工巡线模式要投入大量的人力，并且人工巡线时间长，在恶劣天气下巡线效率低。采用无人机遥感技术巡线灌溉渠系空间信息，可有效减少人力、物力的投入，是最经济、最高效的技术手段之一。

灌溉渠系主要由干渠、支渠、斗渠、农渠和毛渠组成，利用无人机遥感技术对农田灌溉渠系进行识别时，需要对采集的图像进行预处理，涉及图像的校正、去噪和拼接等。通过图像颜色增强和颜色空间转换，可将 RGB 彩色图像转换为 LAB 颜色图像，该图像可较好地体现目标建筑物的亮度和颜色，进一步增强可见光遥测渠系信息。但这种采用单一数据源对农田渠系进行提取的方法效果一般，给渠系提取、制图，尤其是灌溉渠系泥沙淤积的识别带来一定困难。随着支持向量机（SVM）分类检测方法在特征提取、目标识别等方面的广泛应用，通过无人机遥感对灌溉渠系进行识别和维护技术得到了显著提升。执行时，要将无人机采集的高精度正射影像、高程和坡度等数据结合起来作为数据源，提取出具有描述渠系显著特征的数据来构建训练样本集，然后基于 SVM 分类方法对渠系进行分割提取，最后对提取结果进行去噪、连接和优化处理，最终可实现无人机高分辨率多数据源干渠、支渠、斗渠和农渠的渠系提取，并通过分析各渠系的连续性，了解渠系中渠床淤泥沉积淤塞段情况，为灌前渠道清淤提供参考。

3. 农作物种植结构快速分类

不同类型植物的光谱特征不同，农作物种植结构快速分类主要是根据植被光谱、植被指数和叶面积指数等的差异对不同农作物进行识别。由于相同作物在不同生长时期、不同作物在相同生长时期的光谱特征和空间特征有较大的差异，利用遥感影像对农作物种植结构进行识别时，要根据遥感区域的光谱差异，确定作物的识别特征及翻译标志。以小麦为例，当小麦处于分蘖期时，植株匍匐于地表，遥感影像中有大量裸露的土壤及秸秆残留物；小麦处于拔节期时，植株逐渐长大，封垄基本结束，小麦覆盖度高，形成了垂直层，影像中几乎看不到裸露的土壤，只能看到光照下垂直层的阴影。因此，当小麦处于分蘖至拔节期生长区间时，遥感影像分为小麦、裸露土壤和阴影三个部分。当小麦处于乳熟期时，小麦叶片为绿色，植物完全覆盖地表，阴影部分完全消失，光谱图像为绿色小麦。乳熟期至完熟期生长阶段，小麦由绿逐渐变黄，光谱特征发生了较大的变化。通过对以上生长时期的遥感影像进行分析，采用归一化植被指数就可以快速对图像进行分类。当同一遥感影像中有不同种类作物时，重点考虑作物之间光谱特征、空间特征和植被指数等方面的差异，采用逐级分层分类的方法进行提取，间接对不同作物种类进行识别。

4. 作物干旱预警

土壤含水率和植被的生长状况是直接反应干旱是否发生的重要指标，作物蒸发蒸腾量等参数结合天气因素可以对干旱的发展趋势进行预测。因此，采用无人机遥感技术建立农作物干旱预警机制，可通过对作物含水率的监测、土壤含水率的反演及蒸发蒸腾量的测量等方面实施。

（1）作物含水率监测　用遥感监测植物含水率的主要依据是，不同植物的含水率与特定波长反射率具有显著相关性。一般特征波长与植株含水率相关性受光谱仪器和温度等因素的影响，存在一定误差，但仍不失为测量植株含水率的一种快速有效的方法。以农作物为例，农作物含水率与波长 910nm、1210nm、1450nm 及 1930nm 的反射率显著相关，与 1450nm 波长反射率的相关性尤其显著。测量作物含水率前，一般要先通过近红外遥感技术，对目标作物进行测量，再采用滤波和校正的方法得出该作物的近红外反射强度，通过分析测量数据，建立含水率检测模型。通过将采集数据与模型计算数据相对比，间接反映作物是否缺水，为作物的灌溉提供依据。

（2）土壤含水率监测　对土壤含水率时空分布信息的测定，目前多采用可见光、近红外和热红外等光学遥感手段。无人机作为一种简便的负载工具，可搭载光谱相机、微波发射器及红外探测仪等，以实现地表图像的实时传输，并通过提取无人机传回的图像信息，建立土壤含水率的预测模型。一般情况下，含水率遥感预测模型要分两个步骤建立。一是分析土壤不同波段反射率与土壤含水率相关性，找出与土壤含水率存在最大相关性的波段，得出土壤含水率最佳回归方法，建立土壤含水率预测模型。二是对无人机采集的图像数据进行降噪、几何校正和图像拼接等方面的处理，将处理后的完整图像数据与上一步骤得出的土壤含水率预测模型进行对比分析，最终形成一套完整的土壤含水率遥感监测体系。

（3）蒸发蒸腾量计算　采用无人机遥感技术计算作物蒸发蒸腾量时，首先要是根据遥感数据和气象因子来估算太阳辐射量、作物吸收率、作物长势，进而计算出目标区域作物蒸发蒸腾量。近年来的研究结果表明，采用遥感技术分析大尺度范围内蒸发蒸腾量是一种方便快捷、经济可行的方法。利用遥感数据，采用能量平衡原理对蒸发蒸腾量进行估算时，一般在分别计算出地表净辐射、土壤热通量和感热通量后，再通过能量平衡将潜热通量作为余项求出。

二、基于无人机遥感技术的灌溉管理信息化体系

通过以上分析可知，无人机遥感技术在水利施工、渠系识别、作物分类及作物干旱预警等方面具有较强的优势，因此可以建立灌溉面积识别及农田水利施工、灌溉渠系的快速识别与维护、农作物种植结构快速识别以及作物干旱预警"四位一体"的农田灌溉管理信息化体系。一般来说，农田水利规划设计之初，首先，应对作物区域面积进行识别，采用无人机遥感技术对作物种植区域及边界进行图像采集，确定设计范围。其次，利用机载激光雷达对水利设计区域的地形图进行采集，结合地形图和种植区域分布图，对灌区水利设施进行设计和施工，形成若干套农田灌溉管网或渠系。农田水利工程建设完成后，需要对工程设施进行日常维护，采用无人机遥感技术在灌前对田间输水设施进行检测，不仅可以解放劳动力，而且可以避免灌溉时管网或渠系损坏得不到及时处理等问题的出现，影响粮食生产安全。再次，采用无人机遥感技术对灌区种植作物类型进行识别，计算不同作物含水率，对作物缺水情况进行监测，并通过遥感数据对土壤含水率进行分析，对土壤是否缺水作出判断。最后，通过计算蒸发蒸腾量，结合植物含水率及土壤含水率等信息，对该测量区域内作物是否发生干旱胁迫及干旱发展趋势进行预测。若得出作物受到干旱胁迫的结论，可采用渠系或者管网输水的方式对作物实施灌溉（图 5-6）。

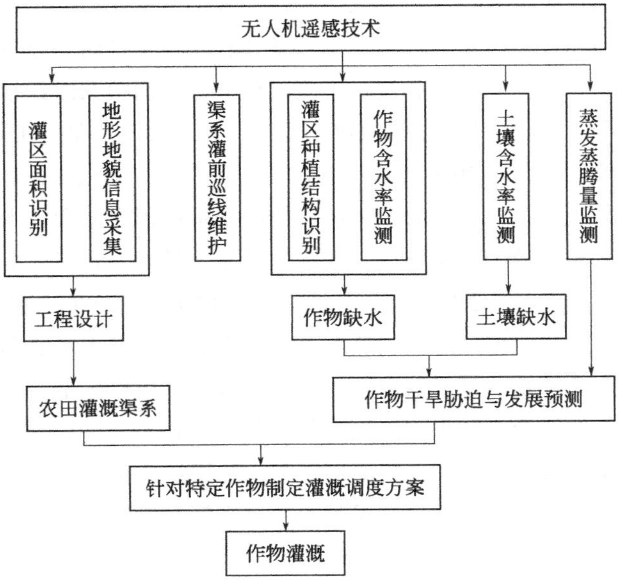

图 5-6　无人机遥感作物灌溉系统

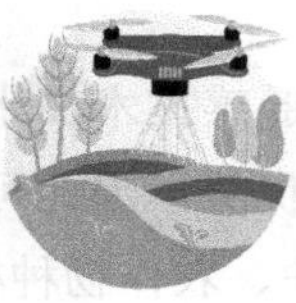

第六章 无人机农作物病虫草害监测

第一节 农作物草害监测

农田杂草指生长在农田、危害农作物、非人工有意栽培的草本植物，是长期适应当地作物、耕作、气候、土壤等生态条件和其他因素而生存下来的。农田杂草的肆意生长会使农作物产量和质量下降。根据联合国粮农组织报道，全世界共有杂草近 5 万种，其中农田杂草有 8000 多种。我国农田杂草有 1500 多种，每年因杂草造成的粮食损失达 2000 万吨以上，约占粮食总产量的 3.2%。

为了有效杀灭杂草并保护农业环境，精确变量施药方法和技术成为精准农业的发展方向。为实现精确变量施药，关键技术之一是如何智能、准确地监测田间杂草分布信息，即将杂草滋生区分割出来，并通过杂草的特征识别杂草种类。

目前，田间杂草的识别方法主要有人工识别法、遥感识别法和基于计算机视觉的识别法。人工识别法是普遍沿用的方法，该方法效率低下、劳动强度大、完全依赖人工主体的经验与知识，在大面积杂草苗情观测上，人工识别是无能为力的。遥感识别法克服了人工识别的诸多弊端，利用遥感系统提供的空间和光谱信息自动识别田间杂草。但是，由于遥感图像的空间和光谱分辨率较低，该方法只能识别那些个体尺寸大、密度大的杂草，致使杂草识别率较低。因此，主观的人工监测和粗略的遥感监测手段都无法满足“数字农业”中田间杂草的精确定位控制要求。计算机视觉是指用计算机实现人的视觉功能，对客观世界的三维场景的感知、识别和理解。利用计算机视觉技术将杂草从农作物和土壤的背景中识别出来，测定其分布情况，进行定位、定量的化学制剂施用，成为该领域的主要研究方向。考虑在自然的田间光照环境和复杂的土壤背景环境（包括土壤、植物阴影、农作物、残余物质）下，把田间杂草精确识别出来，首先要提取杂草图像的特征。考虑到杂草的多样性和复杂性，在众多的特征中选取最有效的特征变量，剔除大量冗余的特征，尽量减少计算量，是能够实时准确地识别杂草的关键。目前基于计算机视觉的田间杂草识别领域中，主要利用植物本身的一些特征如颜色特征、形状特征、纹理特征和多光谱特征等，以及植物的位置来识别杂草。

一、杂草识别研究现状

1. 计算机视觉识别

计算机视觉又称机器视觉，是用计算机模拟生物外显或宏观视觉功能的科学和技术。它是由代替人眼的图像传感器（CCD 摄像头）获取对象图像，将图像数据存储于计算机硬盘，并用代替人脑的计算机来分析图像。计算机视觉是多学科的交叉和融合，涉及数学、光学、计算机和信号处理等诸多学科。20 世纪 70 年代初期，计算机视觉技术成功用于遥感图片和生物医学图片分析，随着计算机、图像处理和人工智能等多门学科的发展，计算机视觉系统在农产品品质自动检测和分级、杂草的识别等领域越来越具有吸引力。1970 年，Diener 等利用射线图像扫描技术进行分拣苹果的研究。1979 年，日本的 Danno 应用近红外图像处理来评价农产品的质量。从 20 世纪 80 年代初开始，研究计算机视觉系统用于农产品品质自动检测和分选的文献开始大量出现，并相继出现了核磁共振、X 射线、红外、近红外等波段上图像的研究。与此同时，计算机视觉系统也向实用化方向迈出了一大步，先后出现了各种分级机和新型农业自动化机械，如土豆检测机械、苹果分级机、土豆打包机器人等。

虽然计算机视觉已经有了比较成熟的理论，但是，基于计算机视觉的田间杂草识别技术还是一个新的应用研究领域。从 20 世纪 80 年代至今，基于计算机视觉的杂草识别系统经历了从室内到田间、从非实时到实时的发展过程。目前在国外杂草识别方法和相关机械方面的研究越来越多，但只有少数基于计算机视觉的系统实现了田间杂草的实时识别。2002 年，Lamm 等研制了用于棉花地的精密杂草控制系统，该系统能在行进（速度 0.45m/s）中实时识别杂草，并进行除草剂的喷洒，除草剂喷洒在杂草上的准确率为 88.8%，没有喷洒在棉花上的准确率为 78.7%。2013 年，赵爱民基于计算机视觉技术开发了田间除草机器人精准变量喷洒除草剂系统，利用作物识别系统及图像处理算法，为农田复杂环境下解决杂草无序、簇生、多类等问题提供技术支持。该技术在取代大面积喷洒除草剂、回归精细耕作可持续农业发展中具有重要指导与实际意义，拥有极好的应用前景及经济效益。2016 年，Kargar 提出了一种新的杂草检测和分类方法，利用自适应阈值方法从背景中分割植物像素，之后利用从图像的小波分析中所提取的作物和杂草特征进行分类。2018 年，Bakhshipour 等采用 SVM 和人工神经网络的方法，对甜菜田中的四种常见杂草进行特征提取，人工神经网络的总体分类准确率为 92.92%；当用 SVM 作为分类器时，获得了更高的准确率，总体准确率为 95.00%。最后，根据杂草的位置，用喷雾器在所需喷洒的位置喷洒除草剂。

要实现基于计算机视觉的田间杂草识别，主要采用的分析方法是根据物体本身的颜色、形状、纹理等特征提取算法，既可以采用单一特征进行识别，也可以综合多种特征进行识别，有效表达和利用这些特征是基于计算机视觉的田间杂草识别技术的关键所在。下面分别从颜色、形状、纹理、特征融合四个方面来讨论该项技术的国内外研究进展状况。

（1）利用形状特征识别　自然界中，植物叶片的形状是多种多样的，有的农作物（如小麦、韭菜等）叶片形状狭长，有的杂草（如平车前、马鞭草等）叶片形状宽大。因此，杂草叶片形状是识别杂草的重要信息来源。

（2）利用纹理特征识别　纹理特征可分为空域纹理特征和频域纹理特征。空域纹理特征包括方向差分及其统计量、灰度共生矩阵及其统计量、灰度游程矩阵频域纹理特征（包括功率谱等度量特征）。灰度共生矩阵及其统计量是基于灰度值联合分布统计量，统计量中方向差分、角二阶矩、熵值、平均值都是常用纹理分析的特征量。

（3）利用多种特征融合识别　杂草是生物界的自然体，它的形状、颜色、大小、方向、结构等都是自然变化的。在实际的杂草识别中，多数研究以一个特征为主，但是对于特定复杂的土壤环境，有时候利用一个特征无法达到对杂草精确识别的要求。因此利用多个特征综合分析，并结合智能分类器的识别方法是杂草精确识别的研究方向，也是提高杂草识别率的有效途径。但是多特征的提取中，优化特征是计算机视觉识别田间杂草的难点问题之一。

2. 无人机遥感识别

无人机遥感技术以其低成本、高分辨率、高灵活性的特点成为精细农业中空中采集图像的新型工具。目前，国内外学者多以颜色特征、纹理特征、形状特征和多光谱特征等单一特征为主进行杂草识别。Castro AID 等利用低空航拍高光谱图像，通过植被指数、光谱角制图等方法绘制谷类和豆类中的十字花科杂草，由识别的结果定点喷施农药，节约了 71.7% ～ 95.4% 的除草剂。Ishida T 等利用无人机搭载液晶可调谐滤波器获得的高光谱图像，结合光照和阴影两种光谱反射率对植被、土壤、杂草等进行分类，对植被的分类准确率达 94.5%。Barrero O 等将无人机获取的低分辨率多光谱图像和高分辨率 RGB 图像相融合，以检测水稻萌发后 50 天的禾本科杂草，识别准确率最高为 85%。Meyer 等综合模糊分类算法与颜色特征（超绿特征和超红特征）识别小麦与杂草。Burks 等利用颜色共生矩阵得到的纹理特征识别土壤和 5 种杂草并对杂草进行分类，研究表明，对提取的 11 个纹理特征进行分类的准确度可达到 93%。龙满生利用形态学处理后图像的长宽比、圆度、第一个不变矩三个形状特征作为输入，用 BP 网络对农作物幼苗与杂草的正确识别率分别为 87.5% 和 93.0%，平均耗时约 58ms。唐晶磊根据近红外波段的光谱特性对植物和土壤背景进行分割，结合多光谱反射特性、纹理特征和形状特征，采用基于 SVM 的对农作物和杂草进行多类识别的平均识别率为 89.7%。利用无人机装配先进传感器获取高光谱、高分辨率图像进行光谱分析，通过在某些特定波长作物与杂草反射率的不同来进行识别，弥补了传统遥感识别杂草距离远、实时性差的缺点，在农业领域应用中具有广阔前景。但在田间复杂环境中，仅依靠某一种特征的识别准确率较低、稳定性较差，不能有效地利用多特征信息进行识别。

3. 深度网络模型学习

用传统机器学习方法提取杂草的形状、颜色、纹理等特定特征取得了一定效果，但对形状、颜色和纹理差异不明显的作物与杂草识别准确率较低。而深度网络模型能够提取图像的高层特征，不受人工设计特征的影响。如 Potena C 等提出了一种用于无人地面车辆除草装置的甜菜杂草分类感知系统，结合 RGB 和近红外图像，使用两种不同的卷积神经网络架构，浅层网络进行植被监测，深层网络进一步将监测到的植被分为作物和杂草。他们首先进行像素分类，然后通过投票的方式对植被掩膜中检测到的斑点进行分类，植被识别的准确率约 97%。Dos A 等通过对无人机获取的图像进行超像素分割，训练卷积神经网络 AlexNet 识别大豆苗和杂草，平均识别准确率在 99% 以上。王璨等利用卷积神经网络从图像的高斯金字塔中提取多尺度分层特征，然后与多层感知机相连接，通过基于像素的分类实现农作物杂草的识别，平均识别准确率达 98.92%。卷积神经网络模型在识别领域效果显著，其主要问题在于卷积计算对硬件资源要求较高，模型占用内存大，难以移植到无人机等小型嵌入式设备，且模型结构较为复杂，对小样本数据容易造成过拟合。因此，针对无人机获取的大豆苗杂草小样本数据，采用了对硬件资源及样本数量要求较小的和积网络。目前，和积网络已成功应用于图像分割、图像分类、动作识别、语音识别、目标检测等多个领域。

二、图像获取与分割

1. 图像采集设备

（1）近地采集　将高分辨率多光谱照相机置于悬臂梁上，距离样本高度约为 50cm。调整照相机使光轴垂直于地面，以避免图像几何失真，并有助于获取完整的植物形态。采集农作物约生长2～3片叶时苗期的农作物和田里的杂草图像，采集杂草图像信息中应包含杂草样本及杂草与农作物混合样本图像。为节省图像处理时间、增强杂草识别的实时性，将采集的图像批量裁剪，保留目标植株，去除原始图像中的多余背景（土壤），裁剪后的图像像素为640×640。

（2）无人机空中采集　无人机平均飞行高度建议4～5m，采集高度变化不大，对应的垂直摄影地面采样距离小于1cm。图像规格为像素4000×3000，JPG格式，采用默认工厂配置中的所有参数，不使用额外的图像校正。

2. 计算机部件

计算机是杂草图像处理及识别系统的核心部分。采集的图像由图像卡传送到计算机中，并由计算机的杂草图像处理及识别软件系统进行处理和分析，实现对杂草图像的预处理、彩色分割、特征提取及识别，最后将处理和识别结果显示在计算机的显示器上。由于图像处理的数据量大，一般的杂草图像处理及识别都需要满足25fps的识别速度要求，因此要求计算机有比较大的处理速度。

3. 输出部件

输出部件主要有显示器、打印机等，通过这些部件可得到直观的处理结果。

4. 系统软件构成

杂草图像处理及识别软件的开发工具多种多样，需根据实际情况进行选择。系统设计应能使图像数据的转入显示、保存、重新加载等基本操作正常进行，可以对图像进行采集以及对图像进行预处理、彩色空间分割处理、图像二值化、二值图像形态学处理等，还可以实现对杂草形状特征的提取、颜色特征的提取从而识别杂草区域。不同软件系统的功能封装在各类模块中，主要处理模块分七大类，有采集模块、图像预处理模块、彩色图像处理模块、图像二值分割模块、形态学处理模块、图像处理算法模块、形状特征提取模块，各模块主要功能如下：

（1）采集模块　主要功能是完成对图像的打开、保存、重新加载，并可以完成对图像灰度直方图的查看等；

（2）图像预处理模块　主要功能是对图像进行滤波去噪声，对图像灰度进行变化拉伸、颜色反相等；

（3）彩色图像处理模块　主要功能是完成对常用颜色空间模型RGB、HSI、LAB、YIQ特征分量提取，并能实现对作物与土壤背景的有效分割等；

（4）图像二值分割模块　主要功能是利用最大类间方差法、直方图波形分析法、最大熵法、空间聚类法等方法实现灰度图像二值化；

（5）形态学处理模块　主要功能是实现对二值图像的形态学腐蚀、膨胀、开闭运算，以及面积消去处理、加减处理等；

（6）图像处理算法模块 主要功能是针对图像交叠叶片相关处理算法，以及部分改进的分割算法等；

（7）形状特征提取模块 主要功能是标记二值图像连通区域，统计具有不变的形状因子的形状特征参数，实现对杂草区域的识别等。

三、数据预处理方法

1. 室内高光谱数据处理

通过运用筛选、求平均、一阶导数处理、压缩、特征波长选取，对原始冠层光谱数据进行数据转换，获取可以自己建立判别模型的有效光谱数据。

（1）获取光谱反射率 首先获取原始地物的光谱反射率，完成原始辐射强度中暗电流的去除、每个光谱数据通道的增益校准、波长订正等几个步骤。

（2）光谱数据的筛选 地物光谱数据由于受环境、仪器和目标地物光谱特性等种种外界影响，包含了一定的噪声数据。通过光谱数据的筛选、转换等方式进行预处理可以消除噪声数据，并突出地物光谱的某些细微差别。所以，在最初选取光谱数据时，需要对原始光谱数据进行筛选。

（3）光谱导数的转换 光谱导数转换是处理光谱曲线的主要方法之一。采用光谱导数转换技术，可以消去光谱数据存在的系统误差，减弱大气对地物波谱的影响，进而获得可以区分不同地物的特征光谱波段位置，例如拐点、吸收光谱指数、波长位置等。

（4）光谱数据的压缩 高光谱数据的特点有：波段范围广、数据存储复杂、信息冗余度高等。虽然分辨率高、信息较多，但也有局限性：大批量数据的存储、处理、运算过程较为复杂，传输缓慢、耗时；数据采集过程对大气变化十分敏感：信号和噪声的存在概率大。在应用方面，高光谱数据也存在问题，例如在分类识别中：数据庞大，如果不妥善处理数据的冗余，就会导致分类精度不高；对于定量化的分类，需要对数据有更多复杂的前期处理，如光谱数据转换方式的复杂度处理；光谱波段较多，在多波段中选取识别的特征波段较为困难，会掩盖有效光谱信息；在最后的模型输入过程中，对判别条件模型的输入条件要求较高。因此，针对高光谱数据信息量大的特点，推荐每间隔 5nm 选取一个反射率对数据进行压缩。

2. 多光谱图像的处理

作物和杂草等植被在生长过程中，叶片上难免会出现虫洞，出现叶片交错、折叠遮挡等情况，因此在利用计算机图像识别方法之前，需要对多光谱数据进行一系列处理，主要包括图像融合、背景分割等步骤。

（1）图像融合　将配准过后的图像融合成一幅宽视角、大场景的图像。但由于图像采集过程中各种因素，例如光照、角度、距离等的影响，图像间的光照不均匀、颜色上不连续。经过配准以后，参考图像和输入图像已经在同一个坐标系下，如果只是取某一幅图像的信息或者简单地将二者重叠区域的像素进行叠加，在图像拼接处会出现图像不连续的现象，有明显的拼接缝隙。要实现图像的无缝拼接，必须采用图像融合技术对图像的重叠部分进行平滑处理，使两幅图在重叠区域平滑过渡，使拼接后的图像在颜色和亮度上保持一致，视觉效果好。

一般情况下，图像融合由低到高分为三个层次：数据级融合、特征级融合、决策级融合。①数据级融合也称像素级融合，是指直接对传感器采集的数据进行处理而获得融合图像的过程，它是高层次图像融合的基础，也是目前图像融合研究的重点之一。这种融合的优点是保持尽可能多的现场原始数据，提供其他融合层次所不能提供的细微信息。数据级融合一般采用空间域算法和变换域算法，空间域算法中包含多种融合规则方法，如逻辑滤波法、灰度加权平均法、对比调制法等；变换域算法包含金字塔分解融合法、小波变换法，其中，小波变换是当前最重要、最常用的方法。②特征级融合要保证不同图像包含信息的特征，如红外光对对象热量的表征、可见光对对象亮度的表征等等。③决策级融合主要取决于主观要求，同样也有一些规则，如贝叶斯法、D-S 证据法和表决法等。

融合算法常结合图像的平均值、熵值、标准偏差、平均梯度等参数，其中，平均梯度反映了图像中的微小细节反差与纹理变化特征，同时也反映了图像的清晰度。目前图像融合存在两个问题：最佳小波基函数的选取和最佳小波分解层数的选取。

（2）背景分割　土壤的存在给绿色植被的识别带来了一定的难度，所以，需要在获取感兴趣区、融合图像后，对土壤和植被进行分割。图像分割是图像处理与计算机视觉的基本流程之一，主要原理是将一幅图像分解为若干互不相交的部分。以增强视觉效果，或者通过压缩等形式来提高输送速度、缩短输送时间。最大类间方差法（OTSU）是 1979 年提出的一种针对图像二值化的快速算法，是根据阈值将图像分成前景和背景两个图像。此方法是在同一幅图像的直方图上进行运算的，而直方图是很容易得到的一维阵列，因此此方法应用于杂草和土壤的背景分割中时具有快速性。

四、特征提取

对预处理后的高光谱数据提取特征波段，对多光谱图像进行形状和纹理特征的提取，分别建立光谱数据集及参数数据集，为下一步代入杂草识别模型做准备，以期达到识别的目的。

1. 光谱数据特征波长的选取

一般来说，绿色植被的光谱曲线总体上会出现变化趋势大概一致的情况，但是由于植被的类型不同，它们的叶片结构和颜色特征存在差异，光谱曲线上一些特殊的波段表现不同，这些特殊的波段往往会成为区分植被类型的关键。

2. 空间数据特征提取

在进行土壤背景分割之后，利用模式识别将作物和杂草区分开。通常利用不同特征特征值的差异进行作物和杂草的区分。分析特征内在的关系，结合多种形态和纹理特征实现作物间杂草的识别。颜色特征作为常见的特征，一般来说比较直观，但是，由于数据采集时期作物植株较小，不容易和杂草区分，故不考虑颜色特征。为了提高作物和杂草的识别精度，主要研究目标地物的形状特征、纹理特征的提取方法。

（1）形态特征提取　以玉米和田间杂草为例，玉米和田间杂草具有不同的形态特征，马齿苋为双子叶植物，叶片椭圆形、扁平、肥厚，似马齿；野苋菜茎直立，叶片互生，菱状卵形或椭圆状卵形，顶端急尖，边缘内曲，背部有一隆起中脉；香附叶多，秆较为细弱，一般高为 15 ～ 95cm，叶片呈锐三棱形、平滑；玉米的叶片扁平，较宽，呈线状，类似披针形，其基部为圆形耳状，叶片边缘略微粗糙。总之，植被外部的形状特征是描述图像既直观而又重要的特征，是进行杂草区分的重要指标之一。

通过分析玉米和杂草叶片发现，即使是同种类的植物，其叶片投影面积、周长、纵横轴长度等一些描述绝对特性的特征参数的差异也非常大。因此，选取植被形状特征参数的同时也要考虑目标植物的生长特性，选取具有不变性的特征。

（2）纹理特征提取　图像中物体表面具有细纹，这些细纹是在图像的灰度值上不断重复排列并且有规则地分布而存在的，这就是图像的纹理特征。纹理是图像处理技术中描述图像的重要手段。纹理特征虽然是物体表象的一种描述，但是并不依赖于亮度以及颜色这种可以反映视觉特征的现象，它只是依附在物体表面的内在特性，是不随外界转移的。所有物体表面都具有纹理特征，纹理特征可以作为人们识别这些物体的主要依据。纹理特征的提取方法有两种，一种是基于结构的方法，另一种是基于统计数据的方法。其中，基于结构的方法提取纹理的原理是利用获取的纹理特征进行建模，并且这种方法会在图像中保持重复搜索的模式。经实践证明，这种方法适用于人工合成物体的纹理识别。但基于统计数据的方法适用于交通图像等的纹理识别。杂草是自然状态下生长的植物，它们各具独特的纹理特征，这种纹理的提取比较困难，它不存在十分规则的容易用来分解的元素，纹理单位十分小，很难很好地确定研究方向。在 20 世纪 80 年代首次出现运用灰度共生矩阵提取纹理特征的方法，这种灰度共生矩阵可以很好地解决杂草等植被的纹理特征提取的问题。它的思想是对图像存在的具有灰度值的单个像素进行运算和统计来获取纹理规律，可以十分灵敏地反映纹理重复方向以及粗糙程度。

（3）特征降维　获取的特征参数越多，物体的信息量就会反映得越全面，但是过多的特征参数进行建模会导致模型的训练时间延长，甚至会造成模型输入过多，难以满足杂草识别的稳定性和实时性要求。因此，需要将获取的多维特征信息映射到新的低维特征空间，组成一个代表性更显著的特征数据集，以期达到提高杂草识别的效率。主成分分析法在提取主成分的同时也对原始样本进行了降维，可以去除复杂的信息，获得更有代表性的分类特征。

主成分分析作为统计方法的一种，主要是通过正交变换的形式，对一组具有相关性的变量进行转换，使这组变量变成不线性相关的变量组，转换之后获得的不相干变量被称作主成分。在很多情形下，很难保证原始变量之间是完全不存在相关关系的，那么在这种自然状态下的变量研究过程中，由于某些变量之间的相关关系会导致这些变量反映信息有一定的重叠，从而影响研究结果。主成分分析能够对重复的信息的变量进行剔除，获得数量尽可能少并且信息完全的新变量，令这些变量变成两两不相关的关系，这些新变量还能尽可能保留原有的信息，保证新变量在反映课题的研究中作用不变。

第二节　农作物病害监测

近几年，农作物病害呈现逐渐加重的趋势，病害的发生对农作物的产量及品质造成极大的影响，通常情况下导致农作物产量减少 21% ～ 52%，甚至造成农作物绝产，严重危害中国粮食安全与生产。但是农民通常仅仅通过自身经验判定病害的类别，并使用大量的无针对性农药；或在农作物不同发育阶段，不管农作物是否存在病害，无论病害的轻重缓急，一律采用农药处理，这不但打破了原有农业生态的自然均衡，也让农作物中残留大量的有害农药。为了保障高效地针对病害使用农药，并且减轻大规模农药的应用给自然环境施加的压力，一定要准确地获取农作物病害的监测数据（包括病害类型以及损害程度），有效、科学地防治病害。

一、农作物病害精准识别的重要性

农作物病害的防控工作中，第一步就是要对病害进行准确识别，传统的对病害进行较准确判别的方式通常有三种：一是按照农作物病害图谱进行判别，该方法简单直观，但是精确度不够；二是依赖农作物病害相关的著作进行判别，该法精确有效，但是需要农民具备一些专业知识，并且查询的速度十分缓慢；三是依据分类检索表进行判别，该法的精确度较高，查询的速度较高，但是该法适合高素质植物安保专业人员使用，并且缺少对农作物生活史、病害发生规律、防治手段的描述等。然而，在农作物生产实际中，绝大部分农民只依赖自身的经验与直觉对农作物病害进行判别。尽管也能够获得一定的防治效果，但由于判别不准确，很容易对农作物的发育状态和种植环境造成不可逆的损伤。因此，高效地、预先地、精确地判断农作物病害成为农民种植农作物过程中面临的巨大挑战。

通常农作物的病症体现在其茎叶的色彩与外部纹理上，然而一些病害的早期症状十分隐晦，通常需要等到病症十分显著时才能进行判断，从而失去了病害防治的最佳时机；一些病害的病状同其他病害类型的病状几乎相同，专家也无法准确诊断。因此，上述难题必须准确获取病害监测数据后才能用给自然环境施加的压力，一定要准确地获取到病害的精确数据（包含了病害类型以及损害程度），接着实行专项性的预防手段，有效、科学地处理病害。必须完成对农作物病虫灾害的智能化判别，并准确获取病害监测数据后，才能科学有效地解决。

二、现代精细农业下的病害识别

空间数值技术、人工智能手段、图形体系辨识、多光谱辨别等高新技术的研发，促进了精细化农业的快速发展。如运用高光谱成像等手段辨识农作物病害，由此完成病害的自动化辨识。

三、农作物病害遥感监测原理

农作物遥感监测主要通过遥感仪器探测到植被反射、发射能量的电磁波谱特征来鉴别和监测植被状况。在可见光波段内，植物的光谱特性主要受叶子的各种色素和水分的影响，其中叶绿素起着重要的作用。在以450nm为中心的蓝光波段以及以670nm为中心的红光波段，叶绿素强烈吸收辐射能，形成吸收谷；在这两个波段之间的540nm附近吸收辐射能相对减少，形成绿色反射峰。在近红外波段，植物的光谱特征取决于叶片内部的细胞结构，在近红外740～1300nm波段内形成高反射。植被冠层的光谱特性，除受到叶子的光学特性的控制外，还受到植被冠层的形状结构、辐射及观测方向、背景光谱等的影响。当农作物受到病原侵害时，冠层和生理变化共同导致整个波谱段或个别波谱段内反射率的变化，这是遥感监测病害的理论基础。光谱变化规律一般为：近红外反射率明显降低，陡坡效应明显削弱甚至消失，可见光波段的光谱反射率高于正常作物，绿光区的小反射峰位置逐渐向红光区漂移。

高光谱成像技术最近几年发展十分迅猛，包括了计算机机器视觉手段所具备的图形讯息与近红外光谱技术所具备的光谱讯息两类特性数据。通过高光谱成像检验而来的被测物体图像，不但有图形数据，而且存在光谱数据。其图形数据可以整体地反映被测物体的各项形态学特性，光谱数据又能够反映出被测物体的物理构造以及化学组成等。当前，高光谱成像技术已广泛应用到农业监测中，在农业商品病害监测方面涌现了大量的研究成果。

无人机遥感通过其能实现在云下低空飞行的优势，弥补了卫星光学遥感与普通航空影像信息容易受到云层遮盖的缺点，可以迅速获得国土、资源以及自然环境等多项空间元素，可以灵敏地获得多尺度、多时相的地表观察监测资料，具有高时效、高辨识率、成本低廉、消耗低、低风险率以及能够重复等多项优点，已广泛应用到农作物病害监测领域。

无人机高光谱遥感成像结合高光谱成像和无人机遥感的优势，能够对农作物病斑区域进行快速、有效提取，极大地提高了农作物病害监测效率，推动了现代精细农业发展。

四、农作物病害遥感识别图像处理与算法

目前，支持向量机算法（SVM）计算方法在模式辨识、回归预估、概率密度函数预估等方面均有一定的运用。比如，基于模式辨识的手写数字辨别、语句辨别、人脸图形辨别以及文章归类等，SVM 计算方法在精确度上，已远超传统的学习计算方法。因为 SVM 计算方法具备较强的理论基础，以及在某种特殊领域的运用中，展现出来的高端的推广功效。

五、农作物病害遥感监测实例

乌越洋一等利用 TM 影像数据监测甘蓝根肿病取得了较好的效果。根肿病是一种侵染十字花科植物的典型土传病害。监测方法是，首先在病症显著期即当地 7 月下旬至 8 月上旬，根据遥感影像提取的 NDVI 大小把甘蓝田块分成若干组，然后比较 TM3 红波段、TM5 和 TM7 短波红外波段的反射率大小。结果表明：在 NDVI 相对较小的区域，TM3 红波段、TM5 和 TM7 短波红外波段的反射率显著增大的田块为发病区域，这类受害甘蓝植株地面观察表现为生育受阻、叶绿素急剧下降的白化症状；在 NDVI 相对较大的区域，TM3 红波段反射率增大不明显，但 TM5 和 TM7 短波红外波段的反射率增大显著的田块为发病区域，这类受害甘蓝植株地面观察表现为快速失水枯萎症状。

黄木易等选择冬小麦易感病种接种条锈病，分别在冬小麦显症后的各生育期，地面同步调查病情指数、测量光谱、测定叶绿素含量。他们进行了如下分析，来探索小麦条锈病遥感监测预报方法：

① 叶绿素含量分析：发现对照区与发病区叶片叶绿素含量在拔节期、孕穗期和灌浆期存在显著差异，可以把拔节期作为病害发生的判别点，把孕穗期作为区分病害程度的关键点。

② 光谱红边位置分析：光谱红边位置与病情指数存在明显的正相关。

③ 冠层光谱特征分析：各个生育期的发病区与对照区对比，条锈病病害光谱与对照光谱有较大差别。

④ 黄光区光谱特征：依据冬小麦条锈病孢子堆在可见光光谱范围内是鲜黄色的特点，分析不同病情指数的黄光区光谱特征，选择相关性显著的波段与病情指数回归分析。

⑤ 冠层敏感波段选择：将冬小麦条锈病的病情指数与冠层光谱反射率进行相关分析，确定630～687nm、740～890nm、976～1350nm为敏感波段。

⑥ 植被指数与冬小麦条锈病病情指数存在明显正相关关系。

⑦ 光谱数据一阶微分下的反射率（1536nm处）与病情指数存在明显正相关关系。综合以上主导因素的敏感波段组合，与DI做多元回归分析，建立条锈病胁迫指数（SRSI）模型。

刘良云等利用野外地面测量数据与多时相高光谱图像（PHI）对小汤山冬小麦条锈病监测。该研究定性分析了冬小麦各生长发育阶段条锈病病害的图像光谱特征。定量计算了对照点和病害点的PHI光谱特征，包括植被指数、红谷、绿峰的吸收或反射峰的深度/高度，发现黄边、红谷波段病害点的冠层反射率都高于正常生长冬小麦冠层光谱反射率；近红外波段病害点的冠层反射率小于正常生长冬小麦的冠层光谱反射率；病害点冠层光谱红谷吸收深度会增大，绿峰反射峰高度会降低。利用病害点与对照点的红光波段与近红外波段反射率差异定义病害光谱指数，并建模反演病情指数。另外，试验部分特别设计黑白布定标体，对航空飞行数据进行同步辐射校正与反射率转换，以便于直接将地面光谱模型应用到航空图像光谱中的方法也值得借鉴。

第三节　农作物虫害监测

虫害可在较短时间内大面积严重发生，从而给农作物生产造成重大损失。当农作物遭受虫害时，农作物的外在变化表现为叶片脱落、卷叶、枯萎、覆满害虫等；生理变化则表现为叶绿素含量降低，正常的光合作用减弱直至衰退，生长发育受到影响，严重时甚至死亡。

传统的虫害监测采用田间定点监测或随机调查的方式，直接用肉眼观测或者用捕捉害虫的方法判断虫害发生的严重性。但传统方法有主观性强、信息滞后、效率低下等缺点，不能及时、客观地提供宏观的指导建议。无人机遥感监测方便快捷、监测数据稳定可靠，可以弥补传统方法的不足，能够对虫害的发生发展进行宏观的监测预报。

一、农作物虫害遥感监测原理

遥感对虫害的监测通过以下三种途径进行：对害虫本身活动进行监测；对害虫的寄主植物进行监测；对有利于害虫种群发展的环境进行监测。

对于对害虫本身活动的监测，应充分发挥雷达技术全天候观测的优点，以及观测昆虫的迁飞路线和飞行高度的特殊优势，对害虫群体活动进行监测。

对于对害虫寄主植物的监测，主要做法是对寄主植物的各生长期进行遥感监测，根据将受害虫侵害的植被与健康植被的特征光谱变化进行对比，来大范围地识别受害虫侵害的植被，从而间接地监测害虫的危害程度。

对于对利于害虫发生的环境的监测，对害虫生长发育期及种群发展有利的环境因素，如气候、土壤等因素，用遥感反演与地面调查相结合的方法进行获取，可监测预报虫害的发生情况。

受遥感数据分辨率的影响，目前较多的研究是分析害虫所依赖的寄主植被的特征以及害虫有利的生存环境因素。

二、农作物虫害环境要素野外试验

基于卫星图像校准以及遥感数据反演验证需求，开展农作物虫害的环境要素野外试验十分必要。试验将针对虫害特点，配合以卫星影像，地面获取虫害的监测数据。试验尽量安排在卫星过境、天气晴朗的情况下，对虫害的各环境要素要同步观测，通常进行的试验有：

（1）土壤温度、湿度试验　目前有的气象站采用水银温度计测量土壤温度，测量到的是空气层与土壤表层的平均温度，并受环境变化、直接辐射的影响大，而采用红外测温仪可以弥补水银温度计的不足。土壤湿度测定方法有便携式仪器测量、取土样测量和遥感测定仪器测量几种：便携式仪器对获取单点的土壤湿度省时省力，遥感测定仪器常用于大面积估计土壤水分状况，比较三种方法的测量精度，取土样测定土壤温度的精度最高。

（2）野外光谱试验　选择具有较快扫描速度的光谱仪以及在环境较为稳定的

时间内进行测量是野外测量光谱数据质量控制的有效途径。目前常用的地面光谱辐射计有：①美国ASD公司ASDFieldSpec ProFR1075/2500野外手持光谱仪，该仪器为遥感地面光谱测量的常用仪器，光谱分辨率高，但复杂，测量时间相对较长，对天气的稳定性要求高，野外工作不便。②美国EXOTECH-100四波段辐射计，结构简单，其四个波段对应陆地卫星TM的1、2、3、4四个波段，3、4波段与NOAA卫星的AVHRR的1、2波段近似，用该仪器测量并计算的植被指数与用卫星遥感数据计算的植被指数具有可比性。③美国LI1800-12外置积分球为搜集被测样品材料反射或透射的仪器，通常用于测量单叶片的反射率或透过率。

（3）野外样方试验　为了地面实测农作物的生物量、覆盖度、叶面积指数、植株高度等指标，在研究区选择大小为若干像元的均匀地面测量区域，区域走向尽量与遥感传感器的飞行方向一致，在样区中选择若干小样点，一个像元中所有样点测量的平均值则可以认为是遥感传感器该像元的测量结果。

选择合适的地面观测仪器，设计完善地面虫害环境要素观测试验方案，获取虫害地面观测光谱数据，可以弥补航空、航天遥感数据的不足，补充诊断虫害的先验知识，并与之形成对比，发现地面观测光谱数据与航空航天数据的相关性，有效提高虫害的监测预报精度。

三、农作物虫害遥感监测与综合分析

1. 遥感数据源选择

（1）多光谱遥感数据　由于MSS的空间分辨率、光谱分辨率和通道波段设置都不足以反映虫害引起的植被光谱和外形的变化，MSS数据没有被用于虫害的监测预报。目前用于虫害监测预报的多光谱数据有SPOT/HRV、LandsatTM和ETM+。其中，TM光谱信息丰富，从可见光至热红外共有7个通道。SPOT有较高分辨率，但光谱信息不足。多光谱遥感数据监测虫害，可大范围、定期重复观测，比高光谱遥感数据价格低廉，但也受到空间分辨率和时间分辨率的限制，难以满足虫害监测预报要求。

（2）高光谱遥感数据　高光谱传感器迅速发展，给虫害的监测预报提供了多选择的数据源。其中，机载的高光谱传感器有推帚式高光谱成像仪（PHI）和模块化成像光谱仪（OMIS），前者光谱范围从可见光到近红外，后者覆盖可见光、近红外、短波红外和热红外光谱段。星载的高光谱传感器有1999年美国地球观测计划卫星（EOS-AM）载中等分辨率成像光谱仪（MODIS）、2000年美国航天局发射的EOS-1卫星载Hyperion光谱仪、2000年欧洲航天局的Envisat-1卫星载中等分辨率的影像光谱仪（MERIS）等。这些高光谱数据源为定量反演植被生理组分奠定了数据基础，为建立以植被生理组分与光谱特征为基础的虫害监测预报提供了可能。

（3）微波遥感数据　微波遥感具有不受高空电离层的反射，能穿透云雾，可以主动、全天时、全天候作业的优点，可分为机载雷达遥感和地面雷达遥感。机载雷达可跟踪害虫的飞行路径和范围，有很大的应用潜力。地面雷达目前多用于研究农作物害虫的活动，如对蝗虫、蚱蜢、飞蛾的飞行进行长期监测，分析害虫的飞行方向、地理位置、风向等，为害虫种群的迁徙做出预报。程登发等设计的扫描昆虫雷达实时数据采集分析系统，可以获得昆虫活动的方位、高度、距离、密度以及飞行的方向和速度等一系列迁飞活动的数据。

2. 遥感监测光谱分析方法

（1）植被指数方法　经过多年的研究，已经有几十种不同的植被指数模型被应用于病虫害监测。除常用的比值植被指数、归一化植被指数、调整土壤亮度的植被指数、差值植被指数、穗帽变换中的绿度植被指数、垂直植被指数、叶绿素吸收比值植被指数等之外，还有一些针对病虫害监测设计的植被指数。HuangWJ等选用531nm和570nm高光谱植被指数（PRI）回归分析估算小麦条锈病的病情指数，验证了PRI定量反演小麦条锈病病情的潜力。武红敢等用TM影像对森林松毛虫进行监测，选择差异最大的植被指数作为提取变化信息的最佳指数。

植被光谱由于受到植被本身、环境条件、大气状况等多种因素的影响，往往具有明显的地域性和时效性，而且各种植被指数的构建方法和标准不统一。在今后的应用中应结合当地植被的特点，合理选择植被指数，提高监测预报病虫害的精度。

（2）光谱特征与病情相关性分析法　经前人研究验证，遭受虫害的植被与健康植被的波谱曲线有显著差异。对遭受虫害侵害的植被波谱曲线进行分析，获取光谱特征参量，为建模定量化反演奠定基础。很多学者研究通过获取单叶或地面高光谱数据来分析冠层受害虫侵害植被的光谱特征，得出与病情高度相关的波段，并进一步对敏感波段建模来监测预报虫害。为了推广应用研究成果，应进一步考虑单叶或地面测量获取光谱特征与航空航天平台获取光谱特征之间差异的规律，把研究获得的单叶或地面虫害特征波谱信息运用到高空平台遥感监测中。蔡成静等研究了发病小麦冠层的高光谱遥感数据特征，对高空与地面获取的作物光谱反射率关系进行了研究。

（3）导数光谱技术　导数光谱技术或光谱微分技术多用来进行化学成分识别，在虫害监测预报领域，可以利用导数方法研究受虫害导致的植被生化组分的变化，并且光谱的一阶、二阶和高阶导数可以消除背景噪声，分辨重叠光谱，提取光谱参数，如吸收峰位置、红边位置等。Apan A等用EO-1高光谱影像监测甘蔗锈病时，用判别分析函数选择最佳高光谱指数，其中包括用一阶微分方法确定的拉格朗日模型的红边位置和二阶微分方法确定的多项式模型的红边位置。

（4）连续统去除法　连续统去除法就是用实际光谱波段除以连续统上的相应

波段得到新谱线。经过连续统去除法归一化之后，峰值点上的对应值变为1，非峰值点的值都小于1。用连续统去除法处理后的光谱中，能够容易得到光谱吸收特征参数，如波深、对称度、斜率等。施润和等发现，经连续统去除后的相对反射率光谱中，可以明显观察到碳、氮浓度差异造成的影响。杨可明等利用光谱连续统去除法，提取波段深度及其相关光谱特征参量来监测识别小麦条锈病。

（5）变换特征提取技术　变换特征提取技术是将原始特征通过特定函数变换到新的特征空间，包括主成分分析、分段主成分分析、最小噪声分析变换、典范分析、决策边界特征提取、独立成分分析、投影寻踪、小波变换等变换提取方法。宋开山等应用小波分析对高光谱光谱反射率数据进行了能量系数提取，并对大豆叶绿素a进行了估算。Zhang M 等用主成分分析和聚类分析方法识别番茄枯萎病。

（6）影像分类方法　影像分类方法主要利用虫害导致植被光谱亮度的变化、空间结构特征或者其他信息等，对健康植被和虫害植被分类。姜淑华等提出了一种纹理特征的比较分类方法。

这种方法采用多波段、多时相影像数据，基于植被的生长物候期特征，或利用来自 GIS 或者其他来源的辅助层，可以提高虫害植被的分类精度。

3. 遥感虫害监测预报建模

（1）统计分析建模　应用遥感技术对病虫害进行定量反演监测预报，采用统计分析方法，对光谱信息包括原始光谱反射率和其他光谱参数，如蓝边、绿峰、黄边、红谷、植被指数以及导数光谱、虫害的生境参数等建模反演，往往可以取得很好的效果。常用的统计方法有线性回归分析、主成分回归分析、偏最小二乘回归分析等。周坚华等通过一元回归分析证实了虫害水平与植物近红外影像色调具有显著相关关系，研究了采样位置、虫害类型对回归模型精度的影响。王圆圆等采用偏最小二乘法建立了冠层光谱和条锈病严重度的回归模型。统计分析建模方法简单、灵活、便于运用，但是机理不明确，对不同的数据源需要重新拟合参数、调整模型、推广性差。

（2）机理建模　可以通过辐射传输模型如 SAIL、LIBERTY 等建立虫害反演机理模型。目前研究较多的是通过机理模型反演植被生物物理化学参数，反演虫害的研究较少见，可以借鉴以下方法或者建立植被生物物理化学参数与虫害的关系来进一步反演植被虫害。Terence PD 等使用 LIBERTY 模型获得的叶绿素、水、氮等生化物质含量与实验室测量结果非常吻合。蔡博峰等以 PROSPECT+SAIL 模型为基础，从物理机理角度反演植被叶面积指数。

4. 基于 GIS 的作物虫害监测预报系统建立

GIS 技术是一门空间信息管理技术，也是一种计算机系统，可以实现如数据采集、管理、分析和表达等功能。在虫害的监测预报应用中，GIS 集成 RS 影像、农业气象数据、虫害发生生境因子、地面调查数据、作物虫害监测预报模型以及基础地图数据进行空间分析，以专题图形式真实反映虫害的分布和发生虫害的危险等级，借助 WebGIS 技术将虫害监测预报信息公布于众，以便用户及时采取防治措施。

目前建立的基于 GIS 的作物虫害监测预报系统的关键技术有：

（1）WebGIS 技术　WebGIS 较之桌面版的 GIS，安装与维护成本大大降低，借助网络，信息传播速度更快。在技术方面，WebGIS 具有平台独立性的优势，降低了对计算机软硬件的要求，并可以缓解运算负载的问题。

（2）多源数据的集成整合　面向对象的设计方法的推行使得 GIS 系统数据的存储和管理更为高效。要进一步实现数据的无缝集成，需要将各种数据源规范化与标准化。

（3）复杂空间分析技术实现　空间插值法是解决数据缺失问题的关键技术。目前空间插值法发展日益成熟，可根据系统中数据挖掘及模型驱动需求，选择相对适用而且便于运用的方法。

（4）预测结果可视化技术　多种可视化表现形式发布虫害预报信息，增加用户对虫害及其防治的认识，有利于合理开展虫害防治。

5. 基于 RS 和 GIS 技术的虫害监测预报系统成功案例

国内外集成 GIS 技术和 RS 技术的虫害监测预报研究已广泛展开。目前联合国粮食及农业组织已经开展试验，应用气象数据集建立作物虫害空间模型。Michele B 以欧洲玉米食根虫为例，以气象数据集作为环境因子，进行了虫害建模的潜力和局限性试验，以地图形式展现了虫害的空间分布。Bone C 等应用模糊理论挖掘多年高光谱数据，整合基于 RS 数据的 GIS 系统，建立虫害模型，分析得到森林虫害感染可能性，做出森林虫害感染可能性分布图。澳大利亚新南威尔士用 GIS 系统评估和管理农业中的突发性灾害，如病虫害、森林火灾和洪水灾害等，集成 GIS、GPS、RS 技术的评估系统，有助于管理这些突发性灾害。中国也有一些成功案例，武红敢等分析了 RS、GIS 和 GPS 技术在森林虫害监测和管理中的优势，提出了建立基于 3S 技术管理系统的迫切性和结构框架，建立了基于 3S 和网络技术的森林虫害监测与管理系统。

四、虫害遥感监测预报实例

杨建国等设计地面调查试验采集受蚜虫侵害的小麦光谱，计算植被指数，同步获取百株蚜量。多时相数据对比，有蚜区植被指数小于无蚜区，但麦蚜发展到一定程度时，小麦生理产生过补偿效应，即为有蚜区植被指数从小于无蚜区反转为大于无蚜区，把这个时期作为小麦蚜虫的最佳防治时间点。推广应用时，考虑卫星数据的光谱分辨率、时相分辨率，最终选择NOAA卫星的AVHRR数据进行小麦蚜虫的宏观遥感监测，但是AVHRR数据的空间分辨率低也是限制蚜虫监测精度的最大障碍。

Cherlet M等提出沙漠蝗虫生境监测和预报需要在蝗虫侵害区进行连续的生态条件监测，利用遥感反演气象信息、植被指数等，并结合其他地面观测数据，同时卫星遥感数据的反演方法与结果的可靠性验证需要引起足够的重视。马建文等对东亚飞蝗灾害的遥感监测预报是为数不多的成功突破遥感监测限制的案例。该研究对东亚飞蝗生长发育过程监测，建立全生长发育周期演化规律、遥感反演水热参数与实测参数之间的关联模型；野外实测东亚飞蝗生长发育及环境指标、地面光谱、遥感影像提取参数之间的相关关系；对比研究植被要素对飞蝗生境的响应；验证遥感反演生物物理参数的可靠性，并估算不同尺度遥感数据反演参数的精度。最后建立东亚飞蝗灾害遥感监测系统，集成GIS技术，对蝗虫生育特征、多年气候数据、历史蝗灾记录、蝗灾发生时有关数据进行集成和分析，提供孵化暴发地、蝗虫密集生长区域、迁移方向和受灾评价以及来年孳生地预测。

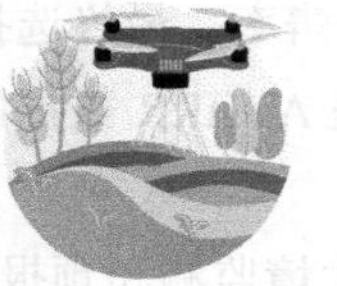

第七章
无人机农田防治作业监测

第一节　农田防治作业监测内容

一、植保无人机的应用领域

自2015年大疆公司发布大疆MG-1P植保无人机以来，植保无人机已越来越广泛地应用于农业病虫草害的防治作业。据全国航空植保联盟统计，2015年全国各省植保无人机保有量为2324台，利用植保无人机开展病虫防治作业1153万亩；截至2019年底，全国植保无人机保有量增加到50970台，同比增加21倍；利用植保无人机开展病虫草害防治作业44103万亩，同比增加37倍。对于类似黑龙江、新疆等土地连片、种植结构较为单一、农业生产规模化程度较高的地区，植保无人机的发展更为迅猛。以黑龙江为例，2019年底，全省植保无人机保有量达5195台，作业面积5426万亩，分别占全国的10.2%和12.3%。植保无人机已成为解决劳动力缺口，提高防治作业效率和应急防控能力的重要武器。目前，植保无人机已被广泛应用于水稻、大豆等粮食作物及茶叶、油菜等经济作物的病虫防治作业，并延伸扩展到水稻除草、播种、施肥等作业。以水稻为例，2020年，黑龙江省利用植保无人机开展水田作业9270万亩，同比2019年增幅116%；其中水田病虫飞防6071万亩，增幅65.9%；水田除草作业3199万亩，增幅404%，基本替代了水稻田一封（插前封闭除草）、二封（插后封闭除草）原有的人工施药方式（图7-1，图7-2）。

图 7-1　植保无人机开展水稻直播田播种作业

图 7-2　植保无人机开展水稻田除草作业

植保无人机出现之前，水稻应急防控通常采用民用通航有人驾驶飞机开展，但民用通航作业存在需要建设机场或跑道，一次性投入较大；飞行员队伍管理成本高；作业时要求作物单一、连片种植（至少 2 万亩起飞）；受空中管制，起降均需要提前申请，特殊时间、特殊地点不允许起飞；作业时需保持较高飞行高度，药液飘移严重等缺点。植保无人机出现后，由于植保无人机具有适应能力强、调运方便、作业效率高等优点，迅速取代了民用通航，成为统防统治和应急防控的首选。黑龙江省 2014 ～ 2020 年，利用航化作业开展稻瘟病、稻曲病、黏虫等重大病虫防治作业分别为 1200 万亩、220 万亩、308 万亩、530 万亩、385 万亩、519 万亩，其中植保无人机航化作业面积分别为 0、0、85 万亩、273 万亩、199 万亩、283 万亩，植保无人机作业占统防航化作业的最大比例为 87.8%（图 7-3，图 7-4）。

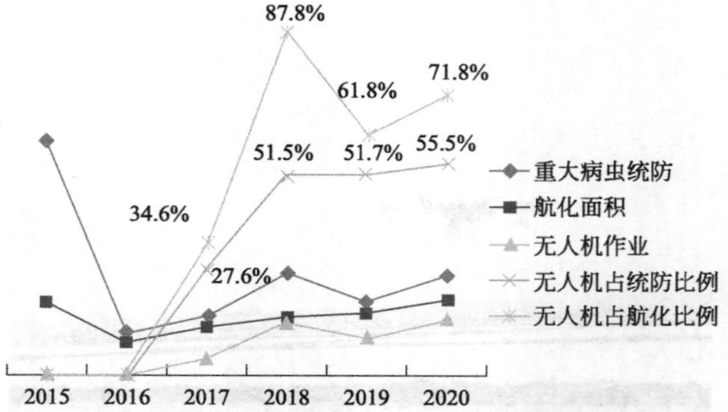

图 7-3 植保无人机开展重大病虫统防作业

图 7-4 准备执行应急防控任务的植保无人机

二、植保无人机农田作业的监测内容

植保无人机农田作业监测主要包括作业质量监测、作业面积监测、作业数据收集及作业质量评估和验收。

1. 作业质量监测

作业质量监测包括植保无人机作业参数监测和作业轨迹查看两方面内容。目前主要的植保无人机生产企业如大疆、极飞，均提供管理植保无人机的作业管理平台软件，某些政府监管部门在执行统防作业任务时，也会使用专门的作业监管平台软件。作业参数和作业轨迹可通过作业管理平台或作业监管平台进行查看，以确保飞手是按照要求设置作业参数及完成作业任务的。

（1）作业参数监测　植保无人机的作业参数主要包括飞行速度、飞行高度、作业喷幅、单位面积喷液量等。作业参数是影响植保无人机农田作业质量的重要因素，若选择不当，直接影响作业质量，造成防效降低、药液飘移、药害事故等。对于飞手，应在使用植保无人机开展农田作业时，根据作业要求，在作业前输入适宜的作业参数。

① 飞行速度。是指植保无人机在作业时飞行的快慢，以“m/s”为单位表示。通常植保无人机较为适宜的作业飞行速度在 3 ～ 7m/s。很多人认为只要在保证飞行安全和正常喷洒的情况下，飞行速度越快，效率就越高。但是在实际喷洒过程中，飞行过快会严重降低植保无人机的作业质量。表现为：一是飞行过快时，惯性较大，植保无人机的飞行姿态控制就变得十分困难，容易出现掉高、无法悬停等问题。以 10kg 容量药箱的机型为例，机身重量加上电池和药剂总体重量可以达 25kg 以上，当植保无人机保持 10m/s 以上速度的快速飞行状态时，即使采取全自主飞行模式，也容易出现掉高和无法悬停的问题，既影响效率也会使安全隐患变大。二是飞行过快会加剧药液的飘移。药液飘移是导致植保无人机作业防效降低及对周边敏感作物产生药害的最直接原因，同时也易造成环境污染，是影响植保无人机农田作业发展的一个主要问题。飞行过快会产生较强的逆向风力，从而加剧药液的飘移。三是飞行过快会影响药液的有效沉积。目前，植保无人机的喷雾系统，多配置 110-01、110-15、110-20 压力式喷嘴及转盘式离心喷嘴，这些喷嘴的特点是雾化性能好、喷雾均匀，但喷出的多为 200μm 粒径以下的细雾滴，极易飘移。在温度较高、湿度较小的气象条件及蒸腾作用较强的水田环境下作业时，药液会迅速飘走或蒸发，导致降落在应防区域内的作物上的药液量偏少，从而降低防治效果。

② 飞行高度。是指植保无人机作业时距作物冠层的高度，以“m”为单位表示。植保无人机农田作业时，适宜的飞行高度通常在 1 ～ 3m 的空间，过高或过低均影响作业效果。飞行高度过高，一方面会造成药液飘移加剧，另一方面还会形成无效喷幅而导致出现漏喷现象。如何选择适宜的飞行高度，要由使用的植保无人机的药箱大小、作物的不同生长时期及防治对象而定。通常来讲，10kg 容量药箱的植保无人机，适宜飞行高度应保持在 1 ～ 2m 飞行空间；15kg 容量药箱的植保无人机，适宜飞行高度应保持在 1.5 ～ 2.5m 飞行空间；20kg 及以上容量药箱的植保无人机，适宜飞行高度应保持在 2 ～ 3m 飞行空间。

③ 作业喷幅。又称有效喷幅，是指植保无人机一次飞行所能覆盖的最大宽度，以“m”为单位表示。植保无人机的有效喷幅一般在 3 ～ 7m 范围内，某些大型油动单旋翼植保无人机甚至可能达到 8m 以上。有效喷幅和植保无人机的旋翼最大轴距、喷杆的长度及喷嘴的数量及分布密切相关。通常旋翼最大轴距越大、喷杆越长，有效喷幅越大。如龙江京飞的 JF01-20 八旋翼电动植保无人机（图 7-5），旋翼最大轴距 3.5m，采取了特有的桨下喷头设计，有效喷幅可达 7m。沈阳无距的 X50 电动单旋翼植保无人机（图 7-6），单旋翼最大轴距 6.2m，有效喷幅可达 7m 以上。

图 7-5　JF01-20 八旋翼电动植保无人机

图 7-6　X50 单旋翼电动植保无人机

植保无人机在出厂时，一般附有国家级检测中心如浙江方圆、南京植保机械化所等单位出具的检验检测报告，在检验检测报告中会标明该机型植保无人机的作业喷幅，可作为植保无人机农田作业中确定有效喷幅的依据（图 7-7，图 7-8）。

④ 单位面积喷液量。是指植保无人机作业时，喷洒在单位面积农作物上的药液重量，通常以“mL/667m^2”表示。植保无人机农田作业时，适宜的单位面积喷液量应达到 1L 以上。植保无人机的飞行动力来自所配置的锂电池，通常一块锂

№: WTJ2019178

检验检测报告

样品名称　3WWDZ-15.1B 型植保无人飞机

委托单位　深圳市大疆软件科技有限公司

检验检测类别　委托检验

国家植保机械质量监督检验中心

图 7-7　大疆 3WWDZ-15.1B 型（T20）植保无人机检验检测报告

№：WTJ2020030

检验检测报告

样品名称　3WWDZ-20A 型多旋翼植保机

委托单位　广州极飞科技有限公司

检验检测类别　委托检验

国家植保机械质量监督检验中心

图 7-8　极飞 3WWDZ-20A 型（XP2020）多旋翼植保无人机检验检测报告

电池可供飞行时间在 15 ～ 20min。受续航时间所限，植保无人机作业均采取超低量喷雾，且经常是多种药剂混配使用，单位面积喷液量越少，作业效率越高，但药液的溶解性越差，容易出现药液溶解不匀而堵喷头甚至降低防效的情况。单位面积喷液量少还可能影响喷雾的均匀度。

（2）作业轨迹查看　是指在飞手使用植保无人机执行农田防治作业过程中或完成后，通过作业管理平台或作业监管平台查看植保无人机飞行轨迹的监测方式，主要用于监测植保无人机飞行时是否偏离规定航线、设定的喷幅是否合理、是否存在重喷和漏喷现象等。飞手在使用植保无人机开展农田防治作业时，可采用自主飞行控制模式或手动飞行控制模式。自主飞行控制模式是指作业前，根据作业地块信息，预先划定航线，作业时采取一键起飞，让植保无人机按照预定航线自主完成作业的飞行控制模式。多用于地块平坦、地形简单、地块中障碍物较少的作业条件下。手动飞行控制模式是指飞手在作业时不预先划定航线，采取人工控制遥控器完成作业的飞行控制模式。手动飞行控制多用于复杂地形或地块中障碍物较多以及较大地块作业后边边角角的补喷作业。

可采取即时和重复回放两种查看方式进行作业轨迹查看。即时查看方式是在飞手使用植保无人机执行农田防治作业过程中通过作业管理平台或作业监管平台查看植保无人机飞行轨迹的监测方式，多用于手动飞行控制模式作业的轨迹查看。重复回放查看方式是在飞手使用植保无人机完成农田防治作业后，通过作业管理平台或作业监管平台查看植保无人机飞行轨迹的监测方式，多用于采用自主飞行模式作业的轨迹查看。

2. 作业面积监测

在植保无人机作业管理平台和作业监测平台出现之前，统计植保无人机的作业面积一般是用单架次作业面积乘以作业架次的方法计算。这种方法一是误差较大，容易发生作业纠纷；二是工作强度大，需要大量人力。在作业管理平台被广泛应用后，作业面积统计及监测成为一件很轻松的工作。以 2020 年黑龙江省佳木斯市汤原县汤原镇南向阳村稻瘟病统防统治作业为例：该村 2020 年计划开展稻瘟病植保无人机航化防治作业 4778 亩，承担作业任务的植保无人机机型为大疆 T16，出动 T16 植保无人机一架，从 2020 年 8 月 5 日至 8 月 16 日共计作业 9 天（中间有降雨天气无法起飞作业）。作业结束后，经使用大疆农业数据平台查看，共计飞行 370 架次，总飞行时间 34.8h，实际完成作业面积 4778.33 亩，符合规定作业面积要求（图 7-9）。

图 7-9　利用大疆农业数据平台查看并核定作业面积

3. 作业数据收集

一次完整的农田防治作业结束后，可以产生大量数据信息，如地块地理信息、作业数据信息、作业队及飞手信息、作物信息、气象信息等，全面、系统地对这些数据进行收集、整理，对减轻以后作业强度，提高作业效率和作业质量是非常有益的。

（1）地块地理信息　植保无人机的飞控系统中一般集成有GPS或北斗导航系统模块。在作业飞行中，GPS或北斗导航系统模块可以接收卫星信号，使植保无人机感知地理位置信息，从而实现在正确的区域内完成作业任务。但是，民用GPS或北斗导航系统的精准度较低，地理位置信息的误差通常可达10m以上，如果不进行位置较准，就会发生飞错作业区域的情况。为了达到准确作业的目标，飞手通常会在作业前，采用手执式载波相位差分技术（RTK）围绕所要作业的地块区域行走一周，记录并上传地块每个顶点的地理坐标，这样就可以生成准确的作业地图了。这种辅助校准地块信息的操作，称之为“打点”或“圈地”。“打点”或“圈地”是植保无人机开展农田防治作业必不可少的准备工作，也是工作量最大的部分。特别是在遇到单一地块面积较大，垄长甚至超过1km的地块，往往一次“打点”或“圈地”就要耗费数个小时。不过，“打点”或“圈地”后所生成的地图，经过上传后，可以保存在作业平台上。这样，下次再在同一地块进行作业时，就可以直接调用了。

（2）作业数据信息　作业数据包括作业采用的飞行模式、飞行参数及作业时期、农作物和防治对象信息等。作业数据的历史信息有助于帮助飞手在进行下一年防治作业时进行参考。

（3）作业队及飞手信息　记录承担任务的作业队、飞手及植保无人机的有关信息。

（4）气象信息　有的作业质量监测平台，如极飞智慧农业平台具备调用当地气象信息的功能，每一地块或每架次作业时的气象信息如温度、湿度、降雨、风速、云覆盖条件等可以记录下来，作为作业质量评估的参考依据（图7-10）。

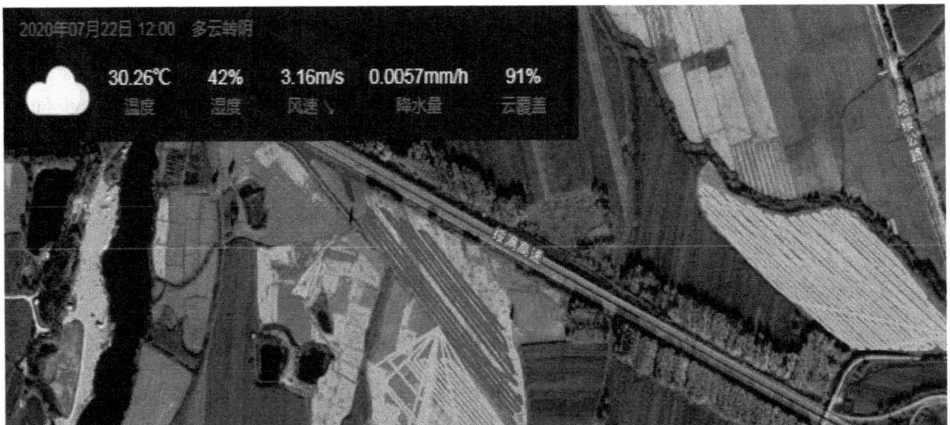

图7-10　极飞智慧农业平台显示并记录的作业时的气象条件

4. 作业质量评估和验收

利用数字化平台对农田防治作业进行监测是因为最终要对作业质量进行一次科学、合理的评估，政府统防项目还需要进行验收。

（1）整体作业质量的评估　包括作业面积是否准确、作业参数是否合理、气象条件是否适宜、违规作业比例是否较低等。评估前，应根据作业要求合理设置评估指标。如黑龙江省植检植保站在2020年稻瘟病统防作业项目中，将作业面积、单位面积喷液量和作业中违规作业条数三项列为评估指标。其中：作业面积要求达到100%；单位面积喷液量平均要求达到1L，最大向下误差不允许超过5%，即平均最少喷液量要求达到0.95L以上；违规作业条数（面积）≤作业总条数（总作业面积）的80%。

（2）作业队评估　一个统防作业任务，可能是多支作业队同时承担完成的。作业结束后，可分别对每支作业队完成情况进行评估，评估结果可作为下一年是否选择该支作业队继续承担统防任务的依据之一。

（3）飞手评估　对于参与统防作业的每一个飞手，也应专门给予评估。飞手评估结果可提供给作业队参考，作业队可将评估结果用于队内管理。

第二节　主要农田防治作业监测平台的结构与功能

一、大疆农业数据监管平台

大疆农业数据监管平台是深圳大疆创新科技有限公司于2018年研发的植保无人机农田作业监管平台，适用于大疆公司出品的MG-1、MG-1P、MG-1S、T16、T20等系列植保无人机。黑龙江省植检植保站同年引入，并应用于全省水稻重大病虫统防作业项目的监管和验收。大疆植保无人机是黑龙江省农业植保作业使用数量最多的无人机，约占全省保有量的60%以上，如采用加装追踪器的手段进行监管，不但需要投入大量资金，且需要大量人力和技术成本。使用大疆农业数据监管平台进行监管，可在免安装追踪器的条件下，实行精确监管。

1. 框架结构

大疆农业数据监管平台分省市级和县级两个版本，省市级版本主要用于监管和评估验收（图7-11）。

县级版本大疆农业数据监管平台又可称为大疆农业管理平台，除具备监管、评估和验收功能外，还具备防治任务制定和发放功能（图7-12）。

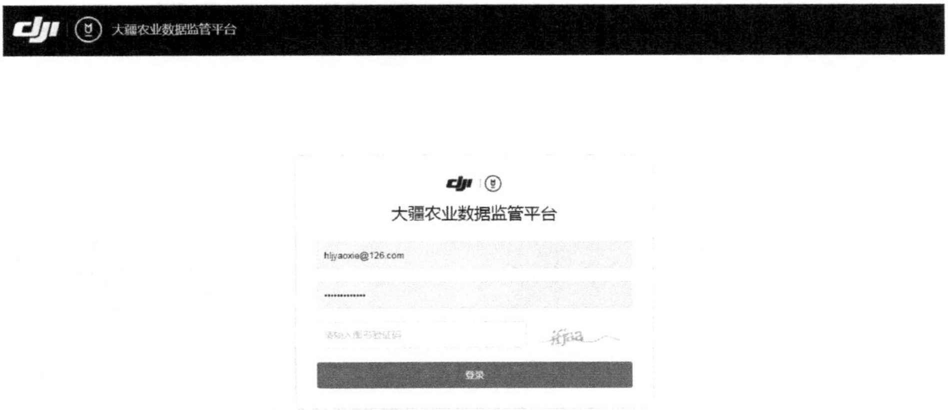

图 7-11　省市级版本的大疆农业数据平台

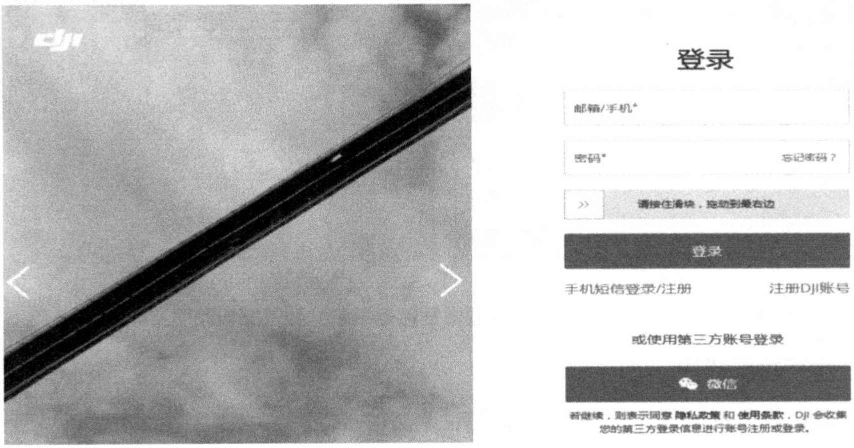

(a)　　(b)

图 7-12　县级版本的大疆农业管理平台

① 省市级版本大疆农业数据监管平台的框架结构。省市级版本的大疆农业数据监管平台仅用于省市级监管，结构较为简单，只包含“黑龙江省统防数据沙盘”一个模块（以黑龙江省为例）。依次点击省级数据沙盘，会继续出现市级、县级沙盘（图 7-13）。

继续点击县级沙盘，会出现已进行或完成的统防任务列表，每个任务都包含一个数量面板模块和一个质量面板模块（图 7-14）。

分别进入数量面板和质量面板，可以对统防作业进行评估分析和验收。

② 县级版本大疆农业数据监管平台的框架结构。包括“飞行统计”“任务管理”“统防统治”“地块管理”“植保机管理”“团队管理”6 个模块。目前对县级监管者开放仅限“统防统治”模块。其他模块适用于作业服务队的作业管理。

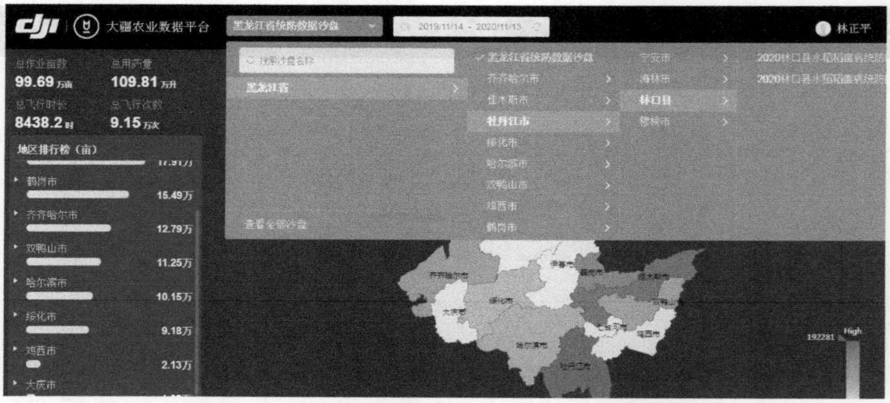

图 7-13　省市级版本的大疆农业数据监管平台结构

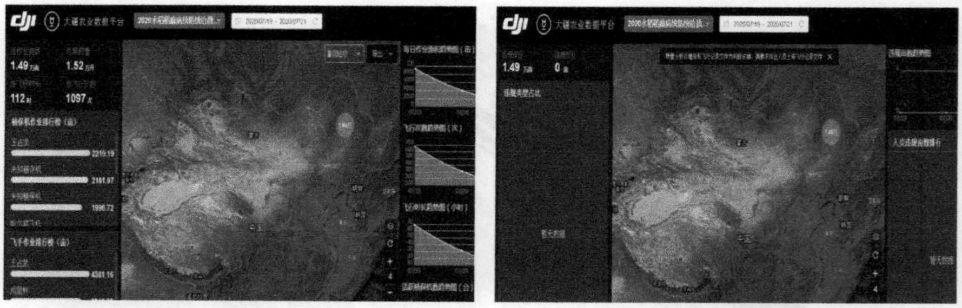

(a)　　(b)

图 7-14　省市级版本的大疆农业数据监管平台的数量面板和质量面板

2. 主要功能模块

大疆农业数据监管平台需要与大疆农服 APP web 端关联使用，才可以实现对作业任务的监管。下面重点介绍“统防统治模块”。“统防统治模块”包括“任务管理模块”和“作业质量分析模块”两部分（图 7-15，图 7-16）。

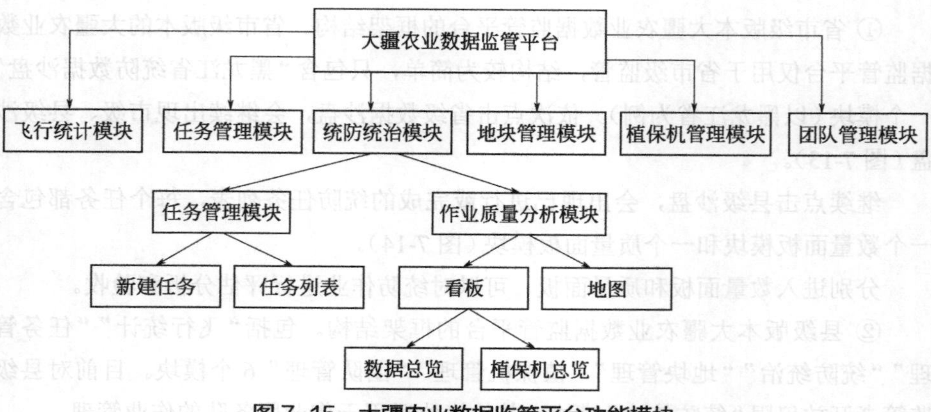

图 7-15　大疆农业数据监管平台功能模块

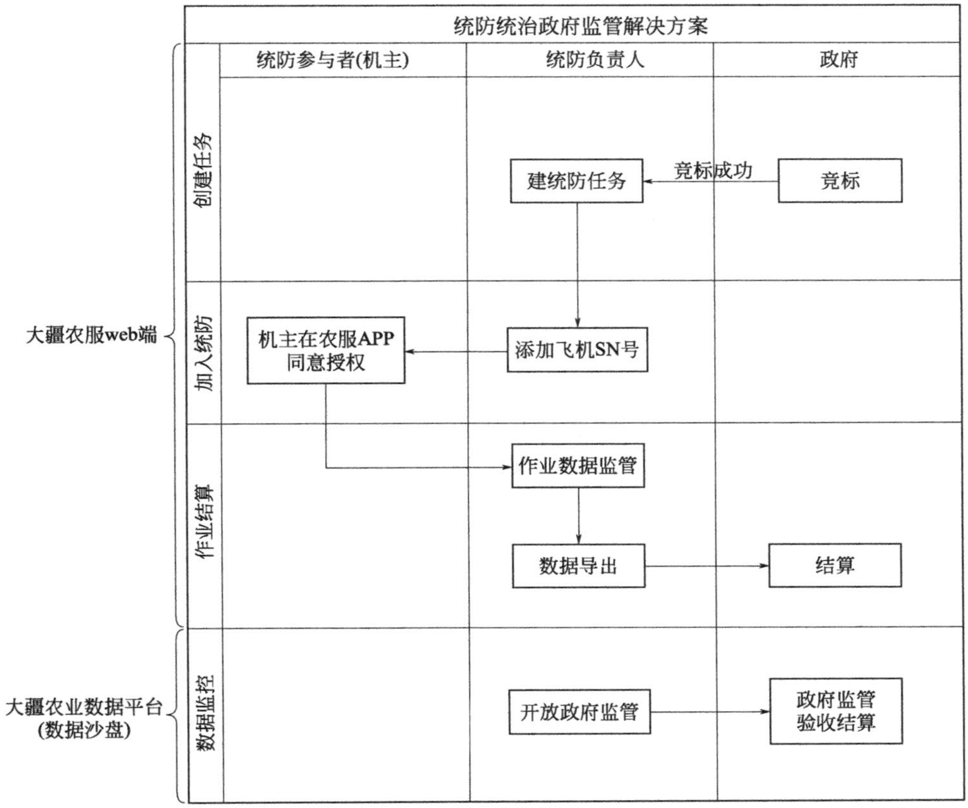

图 7-16　大疆农业数据监管平台与大疆农服 APP web 端关联流程

①"任务管理模块"。下设"新建任务"和"任务列表"。在"新建任务"中，可以新建一个统防统治任务。建立之后，在"任务列表"中就可以查看到新建任务的基本情况和作业要求了。每个作业任务栏的下方，分别有"质量分析""修正数据"和"编辑"三个按钮。"质量分析"可以对已开展的作业任务质量进行分析。点击"修正数据"可以剔除非统防作业任务。点击"编辑"可以结束对本次统防任务的监管授权。

②"作业质量分析模块"。用于对统防统治完成进度、完成质量的分析和评估。可分为"看板"分析模式和"地图"分析模式两种。

"看板"分析模式。进入后，在"数据总览"里可按日期查询统防任务的执行进度，在"植保机总览"里可按飞手或植保机查询每台机器的作业进度（图 7-17～图 7-19）。

"地图"分析模式。进入后，可对已执行的统防任务在地图上查询每个地块的作业效果，包括作业时的飞行参数、作业轨迹、飞行模式等。作业明细和作业轨迹还可以导出后进一步分析（图 7-20）。

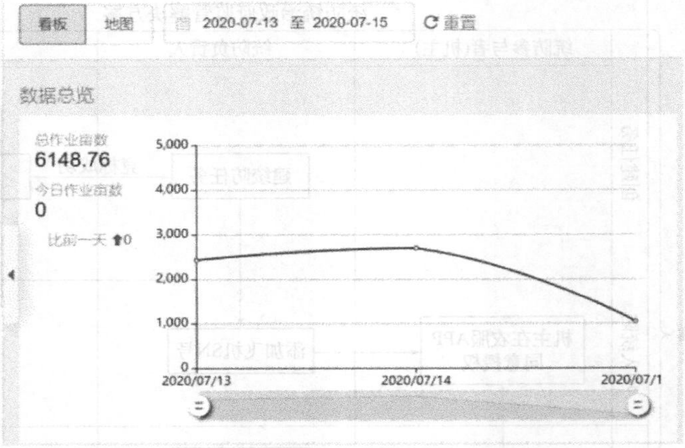

图 7-17　按日期查询作业进度

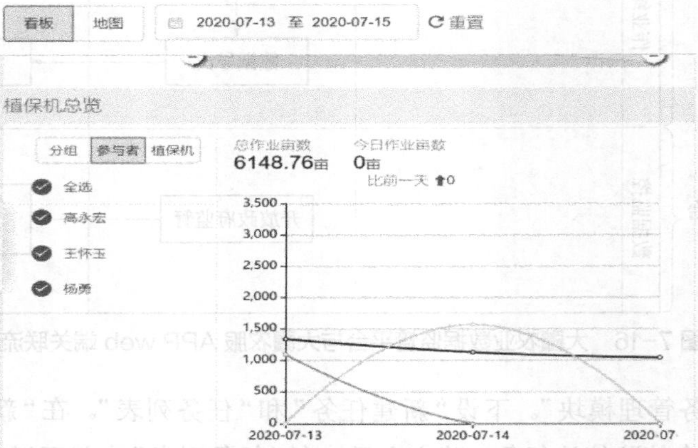

图 7-18　按飞手查询作业进度

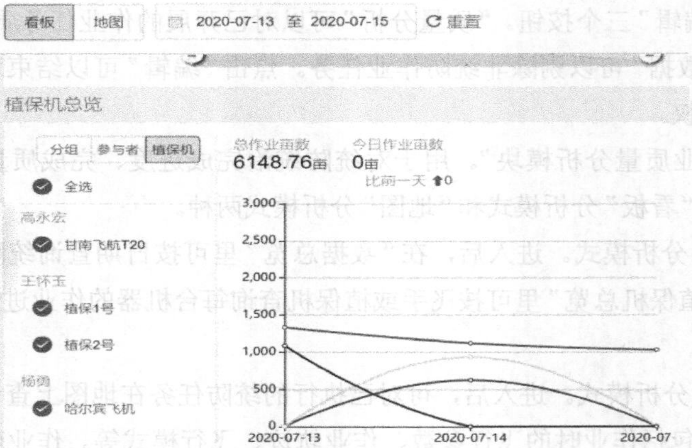

图 7-19　按植保机查询作业进度

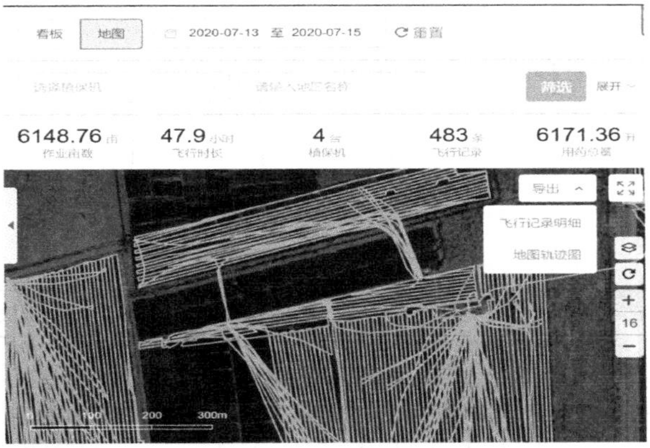

图 7-20 “地图”分析模式查看作业质量

一个新建统防任务完成后，可在任务列表中选择这个任务，并根据其完成情况决定是否通过验收。

二、极飞智慧农业平台

极飞智慧农业平台是广州极飞科技有限公司于 2019 年推出的农田农产数字化管理系统，适用于极飞公司出品的极飞 P10、P20（2018 款）、极飞 P30（2018 款）、极飞 P30（2019 款）、极飞 XP2020 等系列植保无人机。黑龙江省植检植保站于 2020 年引入，并应用于全省水稻重大病虫统防作业项目的监管和验收。该平台可在免安装追踪器的条件下，实现对利用极飞系列无人机开展的作业的精确监管（图 7-21）。

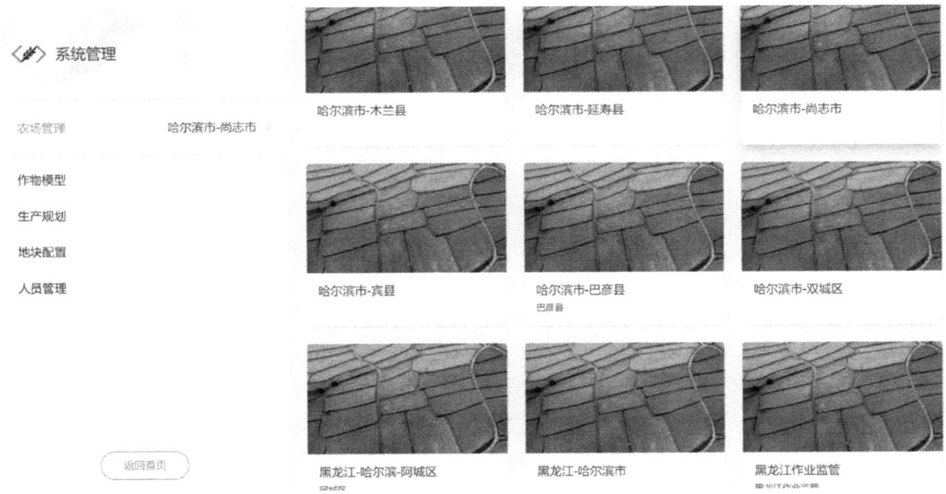

图 7-21 极飞智慧农业平台

1. 框架结构

极飞智慧农业平台是一个大型的全生产链作业管理平台，设计结构如下（图 7-22）：

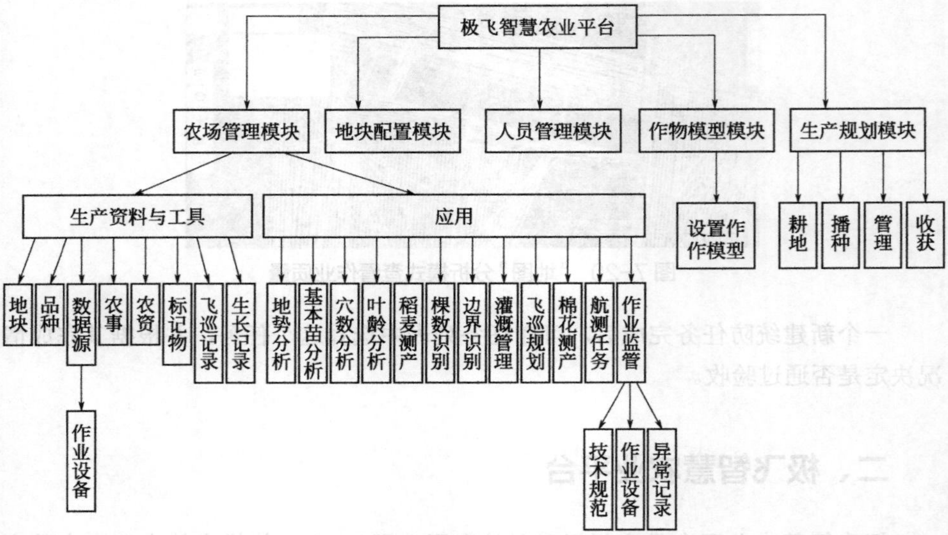

图 7–22　极飞智慧农业平台结构图

目前，极飞智慧农业平台仅对统防作业管理开放农场管理模块 - 应用 - 作业监管功能和生产资料与工具 - 数据源功能（图 7-23）。

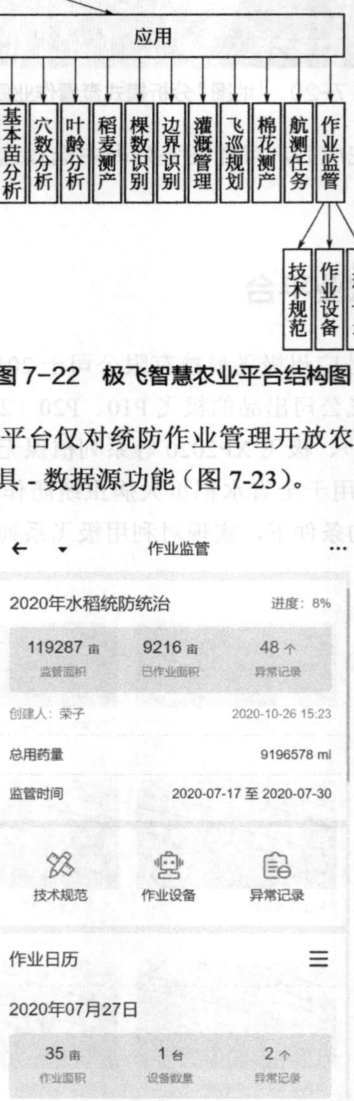

图 7–23　极飞智慧农业平台的主要功能模块

2. 主要功能模块

①“技术规范”。在“技术规范”模块里，可以对统防作业任务的作业要求进行设置，包括作业环境条件参数和作业飞行参数两大项。作业环境条件参数默认包括温度、降雨、风速；作业飞行参数包括高度、速度、喷幅和喷液量。可根据作业要求设置具体范围。极飞智慧农业平台可调用当地气象资源，如果作业时的气象条件超出设置范围，这种条件下完成的作业会被平台判定为异常作业。设置好的技术规范也可以根据要求进行修改（图 7-24）。

图 7-24　设置完成的作业技术规范

②“作业设备”。“作业设备”模块中，可添加承担作业的植保机，将由添加的植保机完成新建统防作业任务。

③“异常记录”。记载作业任务中，未满足预先设置作业条件或环境条件的作业记录，可用于分析和评估作业质量。异常记录会提示异常原因（图 7-25）。图中

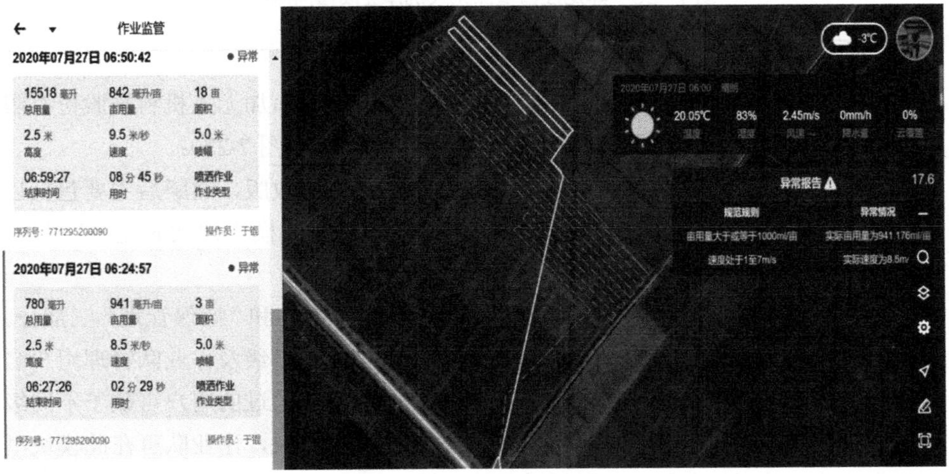

图 7-25　作业异常记录分析

虚线（对应页面实际显示的红线）为异常作业，异常记录原因为亩喷液量 941mL，低于喷液量设置要求的 1000mL；飞行速度 8.5m/s，高于设置的 1 ～ 7m/s 的飞行速度范围。因而判定为异常作业。

三、黑龙江省植保无人机作业质量监测平台

2017 年黑龙江省植检植保站与黑龙江京飞科技有限公司共同研发了黑龙江省植保无人机作业质量监测平台，通过对省内已有的植保无人机加装智能信息终端的方法，解决了不同企业植保无人机传输协议不同而无法统一管理的难题，在国内第一次实现了植保无人机省级规模的作业的可视化、数字化管理。

黑龙江省植保无人机作业质量监测平台适用于政府及职能部门监测农田重大病虫统防作业，也可用于植保无人机作业服务队开展普通生产作业时的管理（图 7-26）。

图 7-26　黑龙江省植保无人机作业质量监测平台

1. 框架结构

黑龙江省植保无人机作业质量监测平台主要由北京韦加无人机科技股份有限公司的智慧农业公共服务平台移植改造而成，设计如下（图 7-27）：

黑龙江省植保无人机作业质量监测平台进行了升级改版，改版后主要包括以下模块：“用户管理”模块、“飞机管理”模块、“地块管理”模块、“实时监控”模块、“作业记录”模块。

①“用户管理”模块。下设“用户列表”“账号审核”和“植保管理”三部分。“用户列表”中可以显示全部有登录权限的省级、市级、县级及作业队管理用户名单。“账号审核”用于审核申请管理权限的用户，对审核通过的用户可赋予不同级别的管理权限。“植保管理”是专为作业队设置的一个模块，作业队可在此模块里创建作业队，并添加所属作业飞机进行统一管理（图 7-28 ～图 7-30）。

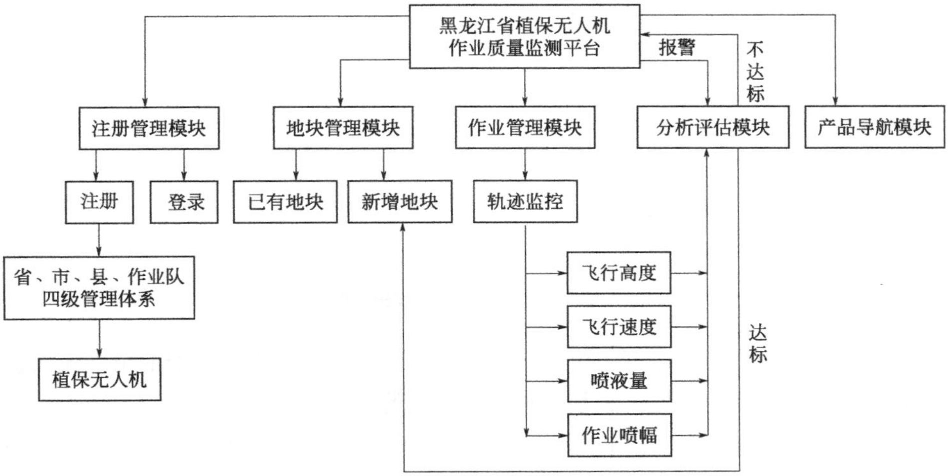

图 7-27　黑龙江省植保无人机作业质量监测平台结构图

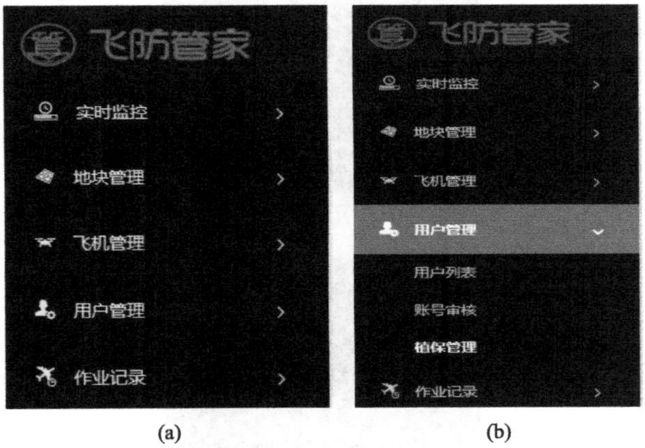

图 7-28　黑龙江省植保无人机作业质量监测平台主要功能模块及其中的“用户管理”模块

图 7-29　在平台上创建一支植保队

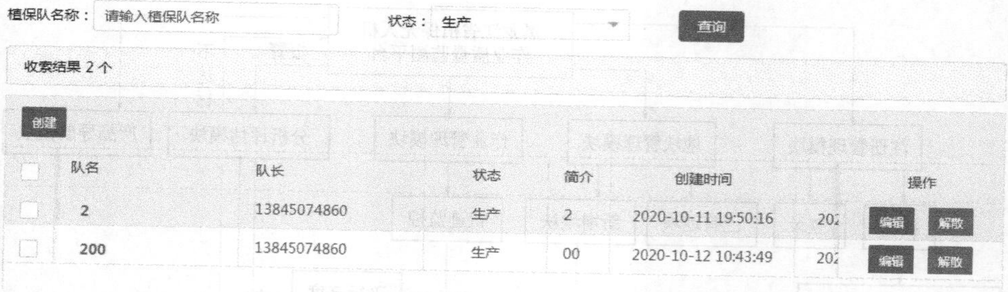
植保队名称：
请输入植保队名称
状态：
生产
查询
收索结果 2 个
创建
队名
队长
状态
简介
创建时间
操作
2
13845074860
生产
2
2020-10-11 19:50:16
编辑
解散
200
13845074860
生产
00
2020-10-12 10:43:49
编辑
解散

图 7-30　创建完成并列表的植保队

创建完成的植保队即可利用平台对作业队所属的已在平台注册的植保无人机开展作业管理。“用户管理”模块支持对植保队的模糊查询。

②“飞机管理”模块。下设“飞机列表”“报警日志”和“报警统计”三部分（图 7-31）。

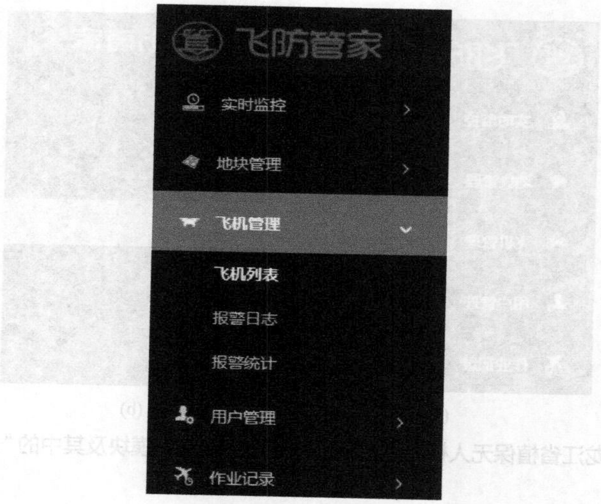

图 7-31　“飞机管理”模块

“飞机管理”模块中的“飞机列表”可添加并显示全部已在平台注册的植保无人机，包括植保无人机的名称、型号、编号、制造商、飞控详情、管控状态、延时管控状态和时间线等信息（图 7-32，图 7-33）。

“飞机管理”模块中的“报警日志”记录平台上全部植保无人机开展作业中出现的报警信息，并可根据“设备类型”“报警等级”“时间区间”和“条件选择”分别或叠加查询报警信息。按“设备类型”查询又可 RTK（定位）、FC（监管）和 APP（操控）硬件分类查询；按“报警等级”查询是将无人机报警信息按轻重分成一至四级，可按照报警等级分类查询。一级报警（致命故障）：包括无人机坠机、爆炸、起火等危及安全的故障；二级报警（严重故障）：包括无人机的发动机和电机等动力故障、

图 7-32　在平台上注册添加一台无人机

图 7-33　已注册并列表的无人机

控制失效或控制执行部件故障、旋翼损坏及作业时机上任意部件飞出等；三级故障（一般故障）：包括施药控制设备故障、无线电通信设备故障、地面控制端设备故障等；四级故障（轻微故障）：包括紧固件松动、罩壳松动、喷头堵塞以及未按作业要求规定的违规作业等。按“时间区间”可以查询某一时间段内的全部报警条数及报警内容。按“条件选择”查询提供按飞机 ID 号、飞控 SN 号和用户名查询三种模式，可以针对某架飞机、某类飞机或某个飞手进行专门的查询（图 7-34）。

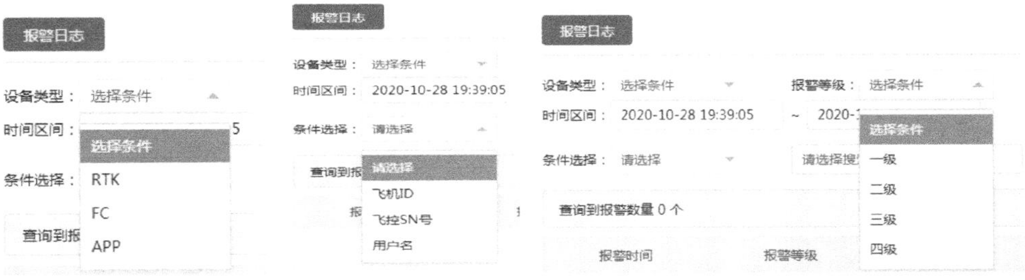

(a)　(b)　(c)

图 7-34　在“报警日志”中查询报警信息

“飞机管理”模块中的“报警统计”提供最近一天、最近一周、最近一个月及特定时间段内的报警数据条数及报警等级。

③“地块管理”模块。主要用于对已进行作业的地块的地理信息及作业信息进行管理。记录包括作业时间、作业面积、用药量、亩用量、作物类型、作业时长、作业地址、账号名等信息（图 7-35）。

(a)　　　　(b)

图 7-35 “地块管理”模块中的地块作业记录

④“作业记录”模块。可以进行作业任务的参数设定，如飞行速度、飞行高度、作业喷幅、喷液量等（图 7-36）。

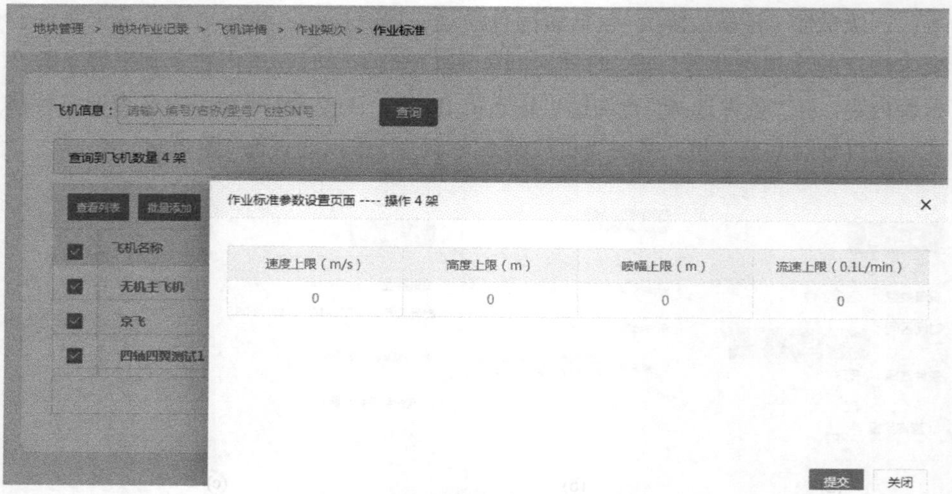

图 7-36 规定作业参数的设定

⑤“实时监控”模块。对平台注册的已通电及起飞的无人机进行实时在线监看（图 7-37）。

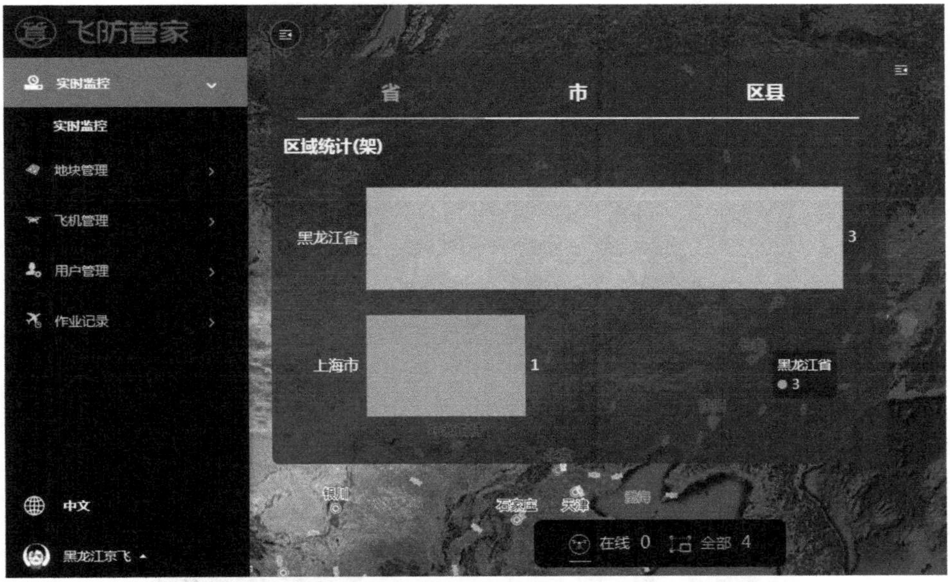

图 7-37　平台在线的植保无人机

2. 数据的采集及监测功能的实现

在黑龙江省开展植保作业的无人机，有相当一部分没有作业管理平台，或有作业管理平台的也由于不同管理平台架构及传输协议的不同，无法实现对全省植保无人机作业的数字化统一管理。对此，黑龙江省采取了对省内植保无人机免费加装智能信息终端的途径，有效解决了这一难题（图 7-38）。

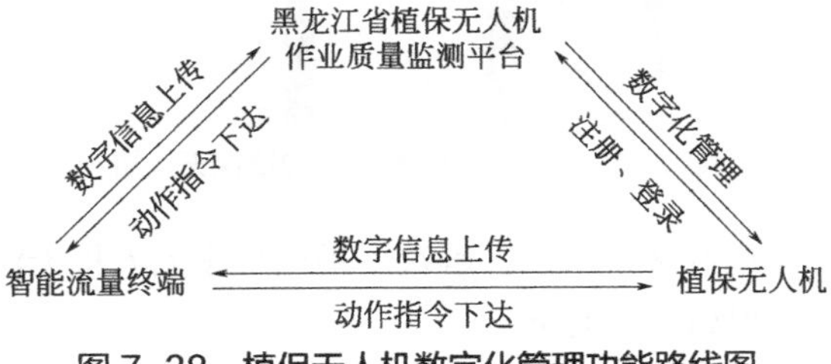

图 7-38　植保无人机数字化管理功能路线图

智能流量终端又称为外置流量计或追踪器。市面上的智能流量终端是一种集成芯片，外观类似小盒子，尺寸规格通常小于 10cm×5cm×2cm（长 × 宽 × 高），重量一般 50 ～ 100g，以外接的方式安装在植保无人机上，接口与植保无人机的药箱相连。智能流量终端的作用类似于汽车上安装的行车记录仪，可以实时记载并上传植保无人机飞行作业中的每一条数据，如飞行高度、飞行速度、流量变化、飞行轨迹等。智能流量终端仅记录但并不干预植保无人机的任何飞行动作（图 7-39，图 7-40）。

图 7-39　黑龙江省无人机平台试点肇源县流量终端安装

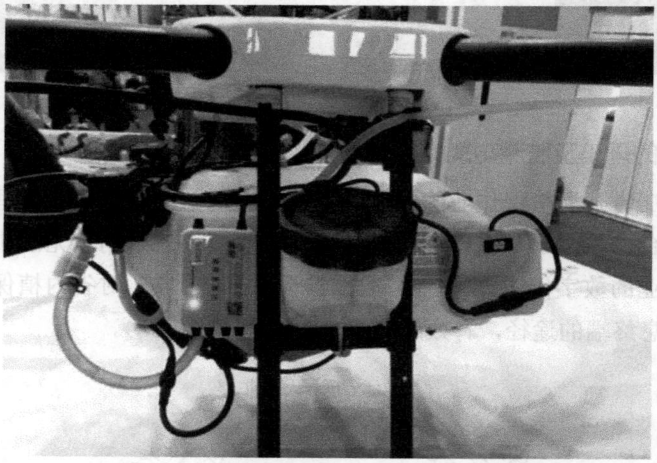

图 7-40　已安装流量终端的植保无人机

通过外接智能流量终端的方法，解决了不同厂家无人机无法向同一平台上传数据的问题，管理流程如图 7-41 所示。

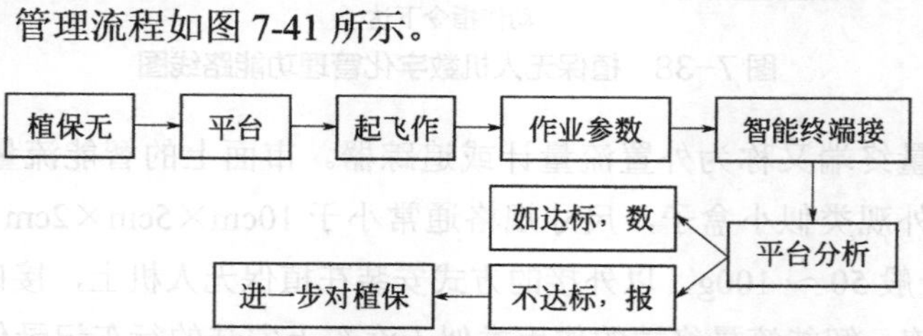

图 7-41　利用智能流量终端实现植保无人机数字化管理流程图

第三节　农田防治作业监测平台应用实例

一、大疆农业数据平台在黑龙江省水稻重大病虫防治项目管理上的应用案例

1. 水稻重大病虫统防统治项目

水稻重大病虫统防统治项目是由农业农村部下达各省，防治对象针对水稻重大突发性虫害，如稻瘟病、稻曲病、纹枯病、三代黏虫等，由各省级植保部门组织开展的补贴性统防统治任务。黑龙江省从2014年以来，每年都落实水稻重大病虫统防统治任务300万亩以上，承担任务的县达40～50个，每县统防任务平均一般在5万亩以上。水稻重大病虫统防统治项目的特点是任务量大、要求完成时间短、要求防治作业质量高。2014～2017年，黑龙江省各项目主要利用北大荒航化有限公司、昆丰航化有限公司等民用通航公司的有人驾驶固定翼、直翼飞机开展统防作业。2017年以后，植保无人机成为统防统治作业的主力军，而且应用比例逐年加大。植保无人机作业的优点是效率高、调运成本低、防治效果好，但缺点是单架次作业面积较小，一般只有0.7～1hm^2，需要多架植保无人机协同作业，频繁起降。比如：一个1000hm^2的统防任务，大约需要起降1000～2000个架次。频繁起降给作业监管带来很大的麻烦，依靠人工进行统计并监管是很不现实的。

2. 大疆农业数据平台的引进及应用

为了有效解决植保无人机开展统防作业中无法精准监管的问题，黑龙江省植检植保站于2018年引入了大疆农业数据平台，应用于全省水稻重大病虫统防统治作业的监管及验收。

① 建立四级监管体系。由于水稻重大病虫统防统治项目任务分配到的县较多，每个县具体承担开展统防作业的植保无人机数量庞大，因此，在进行作业监管时，黑龙江省采取了省级 - 市级 - 县级 - 作业队的四级监管体系。每一级均需建立一个管理账号。级别越高，监管权限越大。如黑龙江省植检植保站作为省级监管部门，有查看全省任一县及任一台植保无人机作业效果的最高权限；市级作为第二级管理部门，有权查看所辖全部县级作业的权限；县级作为第三级管理部门，负责制定具体的统防作业任务并分别发放给承担任务的若干支作业队，有权查看本县域内植保无人机所开展的统防作业。作业队为四级管理，负责分配统防任务给队内的若干架植保无人机，并负责管理队内植保无人机的作业质量。

② 建立管理账号与大疆农业数据平台的关联。每一级管理账号，均需建立与大疆农业数据平台的关联后才可进行监管。关联步骤如下：

第一步，下载浏览器；第二步，登录大疆官网，建立管理账号；第三步，上报注册邮箱名与对应的省市县区域名称至省级管理部门；第四步，大疆公司授权关联。以上四步完成后，各级管理部门即可登录大疆农业数据平台进行统防统治作业的质量监管（图 7-42）。

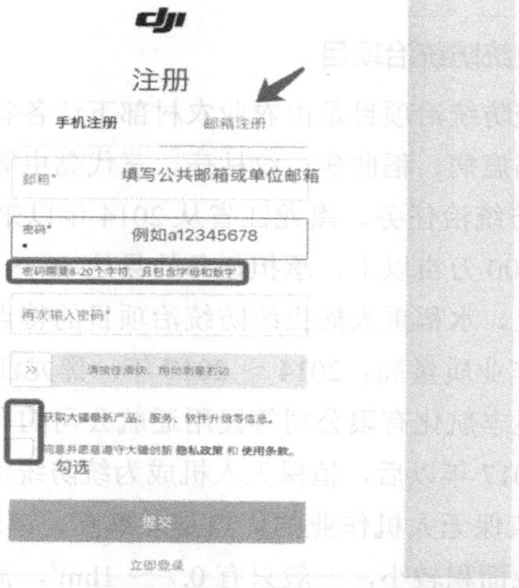

图 7-42　建立大疆农业数据平台关联管理账号

3. 制定并发放统防统治作业任务

① 制定任务。县级植保部门接到省级下达的水稻重大病虫统防统治任务后，选择“统防统治”模块，新建一个统防统治任务并命名，然后选择地区，确定后保存（图 7-43）。

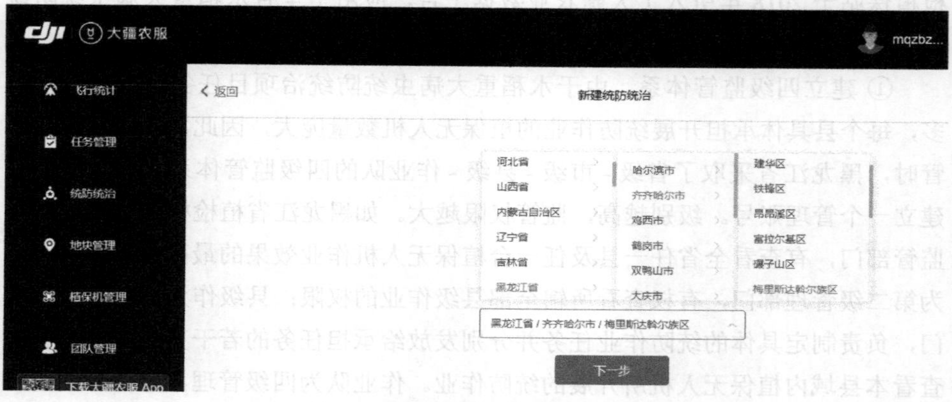

图 7-43　新建一个统防统治任务

② 分配任务。在新建任务里，选择设定植保机开放时期，确定作业规定时期，然后添加植保机序列号，可从已加入的植保无人机里选择添加，也可以新增一台植保无人机的序列号。点击“完成”，这样新建统防任务就分配给这一架植保无人机了。操控这架植保无人机的飞手，会即时在大疆农服APP手机端收到一条链接，提示是否接受任务并同意开放监管授权，点击“同意”，这样就完成了一个统防任务的作业分配及监管关联，这台植保无人机在开展这项统防任务时，就可以接受监管了（图7-44，图7-45）。

图7-44　分配任务给某台植保无人机

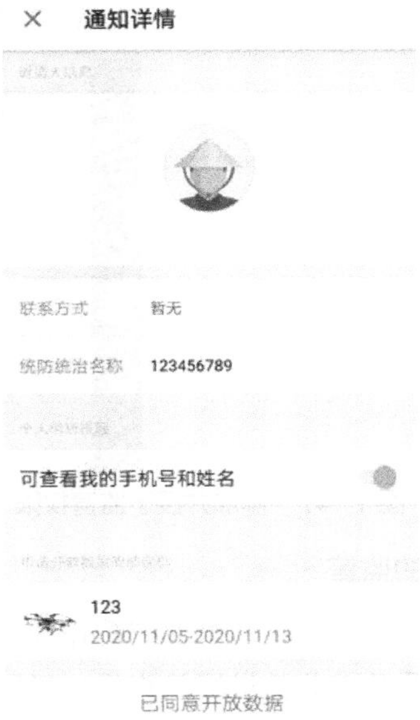

图7-45　飞手接受任务并同意监管

③ 设置任务要求（作业参数）。新建任务后，在任务列表里就可以找到，点击任务名称下面的“质量分析”，会弹出“作业规则设置”，分别设置亩用量合规范围、最大飞行速度、相对作物高度合规范围、行间距合规范围（喷幅）等参数，点击“保存”，这样就完成了新建统防任务的作业参数要求。作业飞手接受任务的同时，也意味着接受了任务的参数要求。继续点击“质量分析”可以添加监管人员信息，已添加人员获得监管查看本项统防任务的权限。点击新建任务下面的“编辑”按钮，选择“政府监管”并确认，此时新建任务的右上方原来黄色的“未监管”按钮变成蓝色的“待验收”字样。这样，这个新建统防任务就可以同时接受上一级管理部门的监管了（图 7-46，图 7-47）。

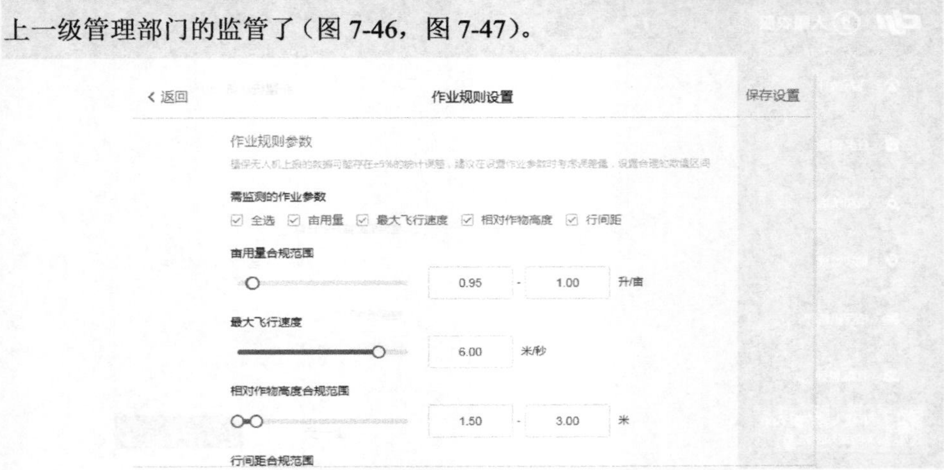

图 7–46　在新建任务中设置作业参数

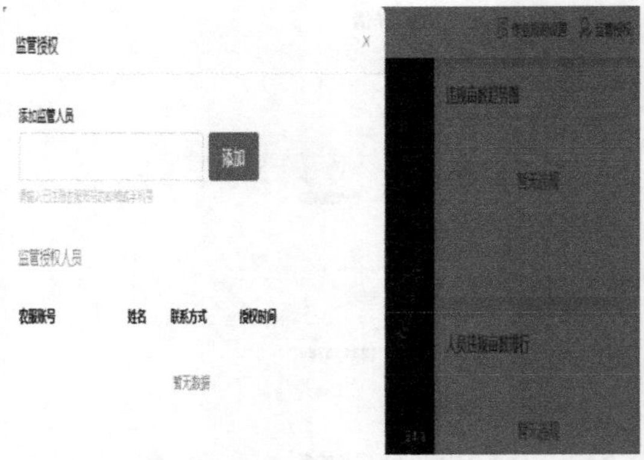

图 7–47　添加并授予监管权限

4. 统防统治作业任务的监管

在统防作业中，部分作业结束后及全部统防作业结束后，监管人员均可登录平台进行实时作业质量查看及作业质量回放查看，以即时发现作业中的问题，并可提示作业队及飞手加以改进或重新作业。

① 违规作业标记。凡未按任务要求（作业参数）作业的，平台上均视为违规作业，并以虚线（对应页面实际显示的红线）轨迹标示，符合要求的作业，以实线（对应页面实际显示的绿线）轨迹标示。点击任务列表下的质量分析，也可以单独显示违规作业轨迹（图 7-48）。

图 7-48　平台上违规及符合要求的作业轨迹显示

② 违规作业统计分析。平台提供统防任务整体违规作业情况、违规作业原因分析、按日期统计违规作业分析和按飞手统计违规作业分析等几种方式。以黑龙江省某地 2020 年稻瘟病统防作业任务为例，点击“统防统治”，在任务列表中选择“任务”，点击任务下方的“质量分析”。

点击右下角的“合规作业”或“违规作业”，就可以分类查询作业情况了。

下面进行违规作业分析。该地开展稻瘟病无人机统防作业约 14574 亩，显示合规作业 12700 万亩，违规作业 1874.12 亩。违规作业中，行间距（喷幅）未达标 1019.28 亩，占违规作业的 50.8%；飞行高度未达标 813.83 亩，占 40.56%；亩用药量未达标 161.42 亩，占 8.05%；飞行速度未达标 11.86 亩，占 0.59%（图 7-49 ～图 7-52）。

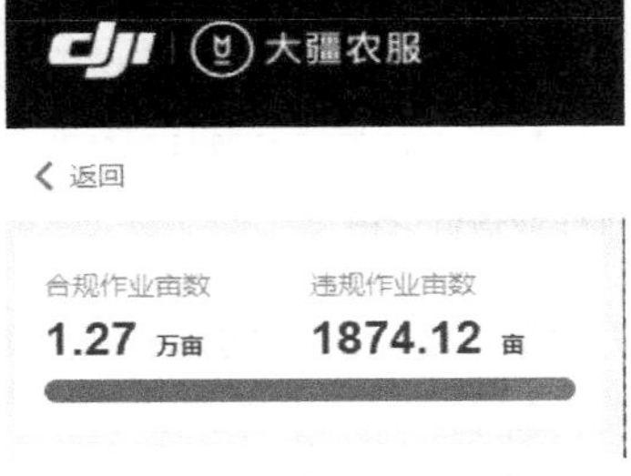

图 7-49　统防任务整体完成情况

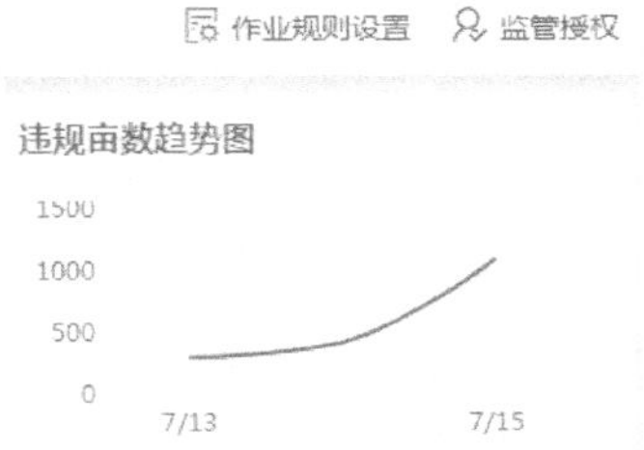

图 7-50　按日期分析违规作业

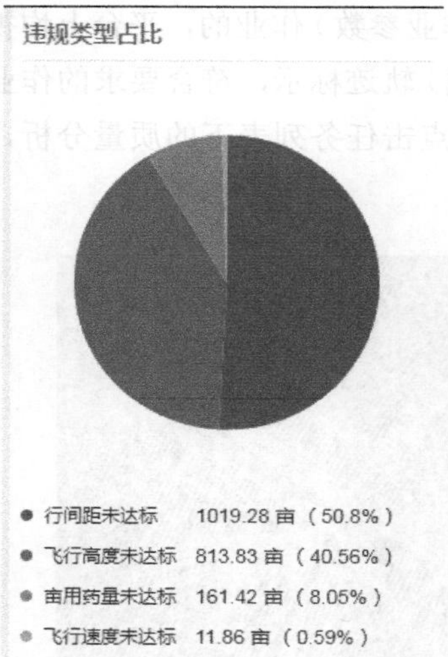

图 7-51 违规作业特点分析

人员违规亩数排行
王占武
18846395666
1064.49
田崇华
15214449222
613.09
刘阳
15245247673
181.52
胡*德
136****2215
15.02

图 7-52 按作业人员分析违规作业

③ 特定地块违规作业查询。也可以对特定地块专门进行违规作业查询分析，选择“只显示违规作业”，双击放大直至找到要分析的特定地块，点击违规作业轨迹（对应页面实际显示的红线），如图 7-53 所示。

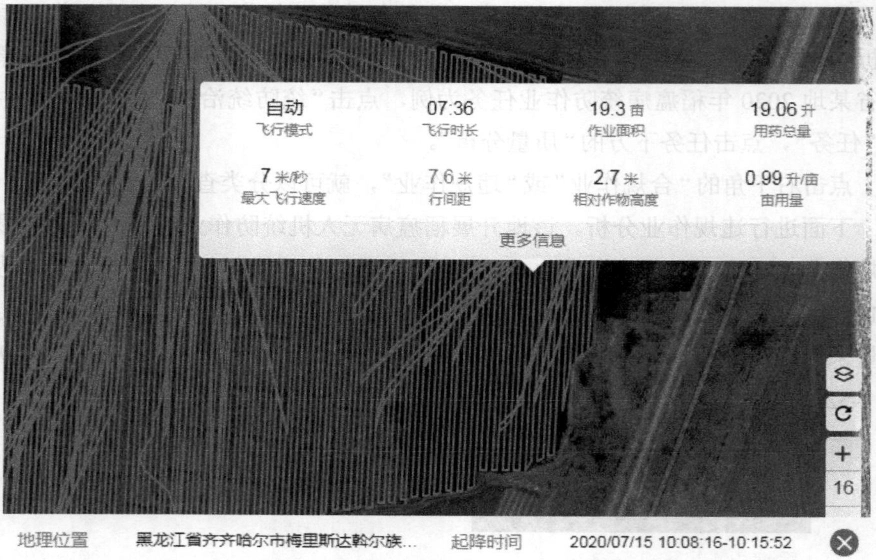

图 7-53 特定地块违规作业查询分析

根据查询结果可以看到，该地块违规作业的主要原因是实际作业喷幅 7.6m，超出了规定的最大 7m 范围，可能存在着漏喷情况。

④ 任务验收。验收标准：黑龙江省 2020 年稻瘟病统防作业项目中，将作业

面积、单位面积喷液量和作业中违规作业条数三项列为评估指标。其中：作业面积要求达到 100%；单位面积喷液量平均要求达到 1L，最大向下误差不允许超过 5%，即平均最少喷液量要求达到 0.95L 以上；作业中违规作业条数（面积）≤作业总架次（总作业面积）的 20%。

根据以上标准，监管者可登录大疆农业数据平台已完成的统防作业任务进行验收。以黑龙江省萝北县 2020 年稻瘟病统防统治任务为例：该县 2020 年计划组织开展稻瘟病统防统治 15.54 万亩，全部采用植保无人机航化施药作业。作业从 2020 年 7 月 15 日开始，至 2020 年 7 月 31 日结束，共出动大疆 T16、T20 植保无人机 50 台，总飞行 1330.2 小时、1.35 万架次。作业结束后，县级监管部门登录大疆农业数据平台对任务完成情况进行评估，评估结果如下：作业面积，计划完成 15.54 万亩，实际完成 15.54 万亩，完成率 100%；单位面积喷液量，总共 15.54 万亩，共计施药液量 16.89 万升，实际每亩平均液量为 1.087L，达到并超过每亩最少喷液量 0.95L 的标准；违规作业比例，违规作业面积总计 7736.47 亩，占总作业面积的 5%，低于 20% 的评估指标。综合以上三项指标，监管人员可以确认本次统防作业整体达标，可点击“验收”键，选择“验收通过”（图 7-54）。

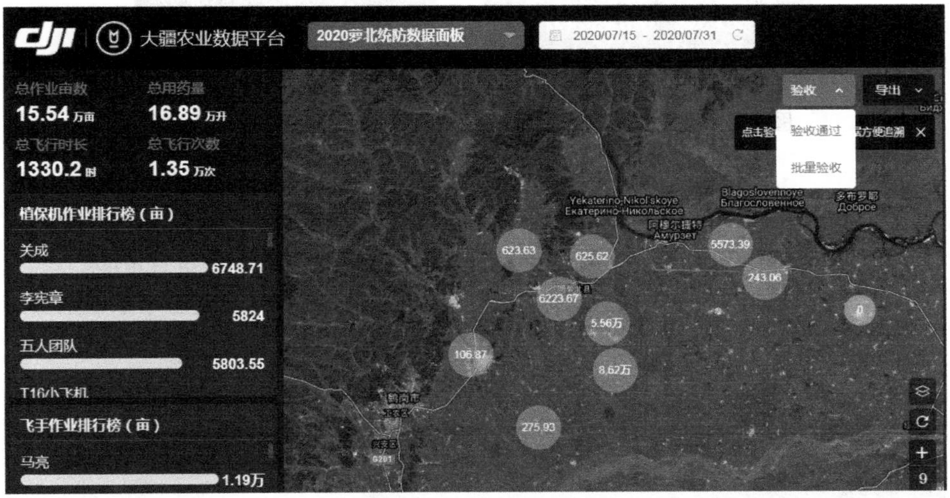

图 7-54　县级统防作业任务的评估及验收

完成统防作业的整体验收后，还可以进入作业质量面板，通过对违规作业进行分析，对作业队及飞手进行评估（图 7-55）。

从违规作业走势图可见，违规作业多发生于统防作业初期 3 ～ 5 天内，这说明因统防的作业标准高于飞手平时的作业标准，飞手有一个适应的阶段。这也要求监管部门在统防开始前，应集中全部作业飞手，细致地向飞手解释说明统防作业的标准，并应同时进一步强调合规作业的必要性（图 7-56、图 7-57）。

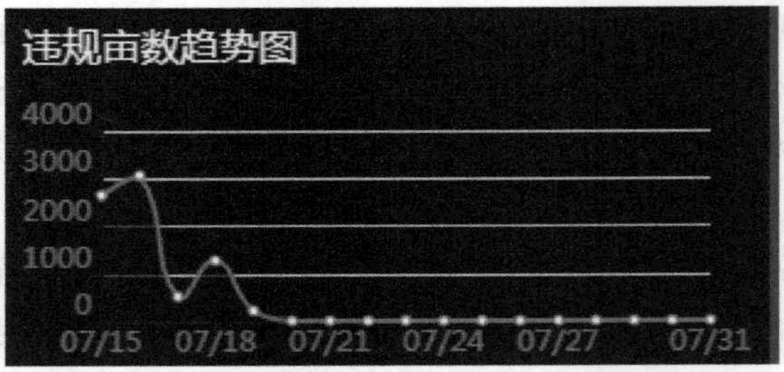

图 7-55 违规作业走势图

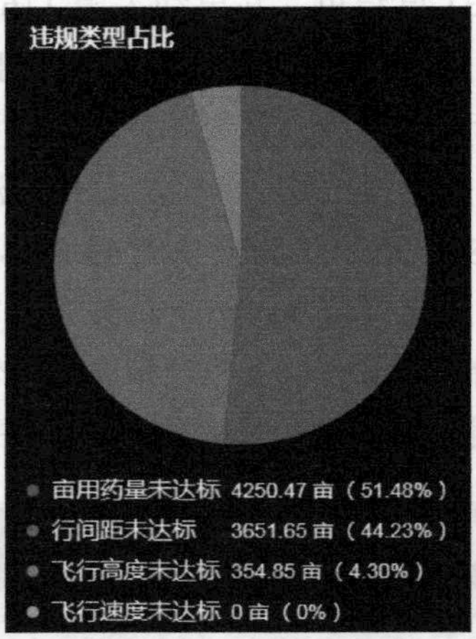

图 7-56 萝北县统防作业中违规情况分析

图 7-57 违规作业飞手排行

通过对违规作业的进一步分析，可以对作业队及飞手的整体作业情况给予评估，这项评估对作业队提高管理水平以及飞手提高作业质量均非常有帮助。

⑤ 省级评估。利用大疆农业数据平台，省级监管者可对全省整个水稻重大病虫防治项目进行监管及评估（图 7-58）。

图 7-58 利用大疆农业数据平台对黑龙江省水稻重大病虫防治项目进行评估

从2020年水稻重大病虫统防全省作业情况分析，作业面积、喷液量和违规作业比例三项指标均达到要求。

还可以利用平台对个别县进行抽查（与7-59）：

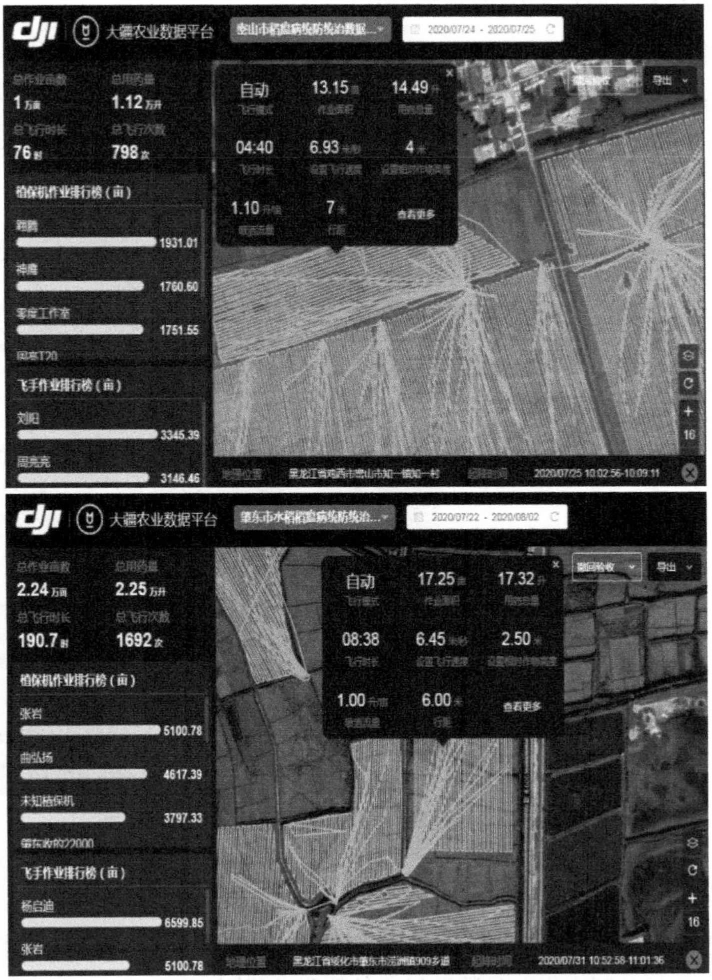

图7-59 利用大疆农业数据平台对部分项目县作业情况抽查

二、极飞智慧农业平台在黑龙江省水稻重大病虫防治项目管理上的应用案例

1. 注册关联管理账号

① 建立四级监管体系。极飞智慧农业平台采取与大疆农业数据平台相同的四级监管体系。

② 建立管理账号与极飞智慧农业平台的关联。每一级管理账号，均需建立与极飞智慧农业平台的关联后才可进行监管。统防任务管理员可使用手机微信进入极飞学院进行注册，注册后待极飞审核通过后，注册账号即与极飞智慧农业平台相关联，并可对统防作业任务实现监管。

2. 监管地块范围绘制

进入系统主界面，可以在右上角点击“头像”，选择“系统管理”进入到农场编辑页面，在已分配的农场点击“编辑”，在地图上大致描绘该县的大致边界（图 7-60）。

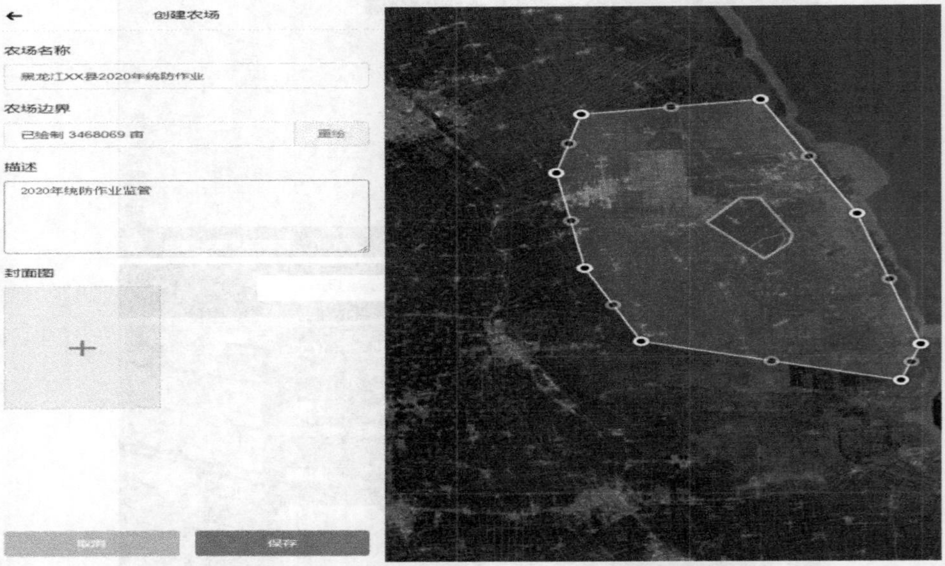

图 7-60　利用极飞智慧农业平台绘制监管地块范围

3. 制定统防统治作业任务

在系统主界面点击“作业监管”，创建一个新的作业任务，并在技术规范模块中为这个作业任务制定作业参数和气象条件要求范围（图 7-61）。

可设置作业参数规范，如选择字段“亩用量”，条件为亩用量小于或等于 1000mL。则当作业的亩用量高于 1000mL 时，会将该架次标记为异常架次。可设置多个作业参数。

4. 发放作业任务

首先需要绑定作业设备。在主界面左侧的菜单栏点击“数据源”，添加数据源，选择植保机。将二维码截图发给参与统防的飞手，飞手扫描后用极飞账户登录并授权名下设备即可（图 7-62）。

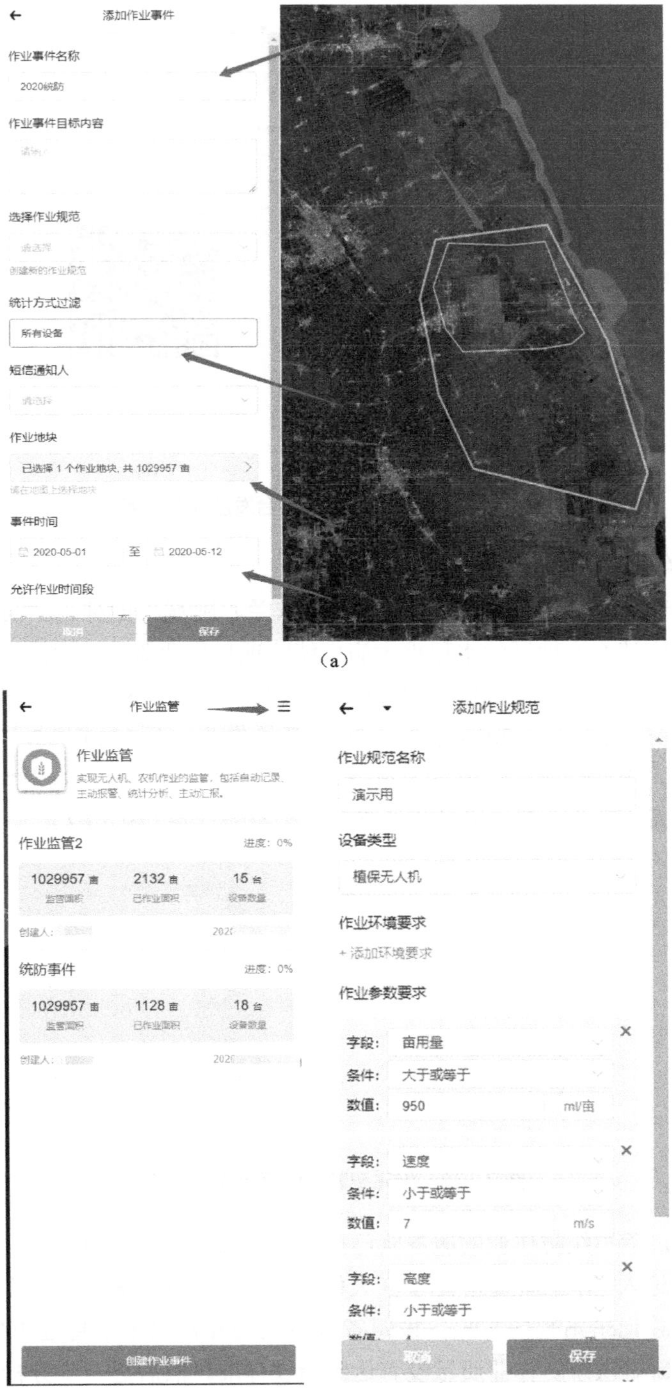

（a）

（b）

图 7-61　利用极飞智慧农业平台新建作业任务

(a) (b)

图 7-62 极飞智慧农业平台发放作业任务

5. 作业监管应用实例

2020 年极飞智慧农业平台在黑龙江省依兰、阿城、虎林、讷河、泰来、汤原、富锦、宝清 8 个地区的水稻重大病虫统防项目作业监管中得到了应用。以哈尔滨市阿城区为例，该区 2020 年开展稻瘟病统防作业 9481 亩，共出动 7 台极飞 XP2020 植保无人机。从 2020 年 7 月 20 日开始作业，至 2020 年 7 月 22 日结束，共作业 3 天。作业结束后，监管人员登录极飞智慧农业平台，点击“作业监管”，首先可以查看统防作业已完成的作业面积是否符合计划（图 7-63）。

图 7-63 极飞智慧农业平台作业监管

经查看，承担统防作业的服务队已按要求全部完成了统防作业。然后再点击“任务条”，进入“作业质量查看”。3 天作业，共计飞行 543 架次，产生 122 个异常记录，占总记录条数的 22%，按照省级下达的异常记录不超过 20% 的验收标准，初步判断本次统防作业质量没有达到验收标准。然后进一步分析产生作业异常的主要原因。点击进入“作业设备”，查看承担本次统防作业的全部无人机编号，发现其中序列号为 771101000051、77110120036 的植保无人机作业异常记录较多，分别为 64 条和 36 条（图 7-64）。

(a)　　　　　　　　(b)

图 7-64　极飞智慧农业平台作业监管

记录后，返回作业监管，下拉显示作业日历，选择按“天数查询”。7 月 20 ～ 22 日，分别产生异常记录条数为 29 条、85 条、8 条。选择异常记录较多的 7 月 21 日，点击进入，如图 7-65 所示。

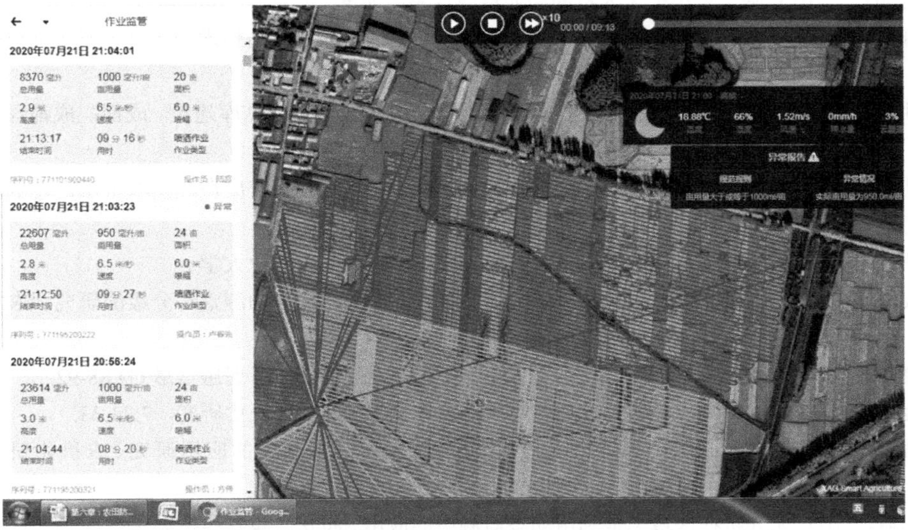

图 7-65　极飞智慧农业平台作业记录查询

作业轨迹图显示，判断为异常作业的主要原因是喷液量 950mL，低于作业规范中要求的 1000mL，因而判定为异常作业。同理，可逐条分析异常记录产生原因。经分析，本次统防作业产生的 122 条异常记录，均为喷液量不足所致。由于 2020 年省级验收标准，允许亩喷液量有 5% 的向下误差，即亩喷液量只要达到 950mL 就达到指标，因而经省级管理部门评判，阿城区统防作业中产生的异常记录，均可认定为合格。

参考文献

程亚樵，2007．作物病虫害防治．北京：北京大学出版社．

迟德霞，张伟，王洋，2012．基于EXG因子的水稻秧苗图像分割．安徽农业科学，40(36)：17902-17903．

邓明兰，陈飞燕，2015. 利用 GIS 技术改进地类核算工作的探讨 . 测绘与空间地理信息 (5):148-150.

段涛，2017. 基于遥感图像的作物表型高通量测量方法研究 . 北京：中国农业大学 .

范承啸，韩俊，熊志军，等，2009. 无人机遥感技术现状与应用 . 测绘科学，34(5):214-215.

高林，杨贵军，李长春，等，2017. 基于光谱特征与 PLSR 结合的叶面积指数拟合方法的无人机画幅高光谱遥感应用 . 作物学报，43(4):549-557.

葛明锋，2015. 基于轻小型无人机的高光谱成像系统研究 . 北京：中国科学院大学 .

郭庆华，吴芳芳，庞树鑫，等，2016. Crop 3D——基于激光雷达技术的作物高通量三维表型测量平台 . 中国科学：生命科学，46(10):1210-1221.

胡波，2013. 基于 3S 技术的农村集体土地所有权确权登记及数据库建设 . 成都：成都理工大学 .

胡健波，张璐，黄伟，等，2011．基于数码照片的草地植被覆盖度快速提取方法．草业科学，28(9)：1661-1665．

胡忠永，2009. 中国古代土地资源开发利用研究 . 南京：南京农业大学 .

姜淑华，田有文，孙海波，等，2007．农作物病害危害程度自动测定与分级的研究．农机化研究 (5)：61-63．

金伟，葛宏立，杜华强，等，2009. 无人机遥感发展与应用概况 . 遥感信息 (1):88-92.

金小俊，陈勇，孙艳霞，2011. 农田杂草识别方法研究进展 . 农机化研究，7:23-33.

贾鹏宇，冯江，于立宝，等，2015. 小型无人机在农情监测中的应用研究 . 农机化研究 (4):261-264.

郎城，2011. 无人机在区域土地利用动态监测中的应用 . 西安：西安科技大学 .

乐黎明，2016. 基于无人机平台的数码相机应用分析 . 地理空间信息，14(3):40-44.

冷亮，2009. 基于遥感技术的农村土地利用现状调查方法探究 . 吉林大学 .

李楠，刘朋，邓人博，等，2017. 基于改进遗传算法的无人机三维航路规划 . 计算机仿真 (12):22-25.

刘小庆，2009. 农村国土调查信息提取及信息管理系统研制 . 阜新：辽宁工程技术大学 .

鲁恒，2012. 利用无人机影像进行土地利用快速巡查的几个关键问题研究 . 西南交通大学 .

毛文华，张银桥，王辉，等，2013. 杂草信息实时获取技术与设备研究进展 . 农业机械学报，1:190-195.

蒙继华，吴炳方，杜鑫，等，2011. 遥感在精准农业中的应用进展及展望 . 国土资源遥感 (3): 1-7.

聂帅，2017. 多旋翼无人机设计评估与演进 . 北京：北方工业大学电气与控制工程学院 .

潘朝勇，2016. 地籍测量中无人机技术应用分析 . 有色金属文摘，31(1):173-174.

秦博，王蕾，2002. 无人机发展综述 . 飞航导弹 (8):4-10.

任娟，2015. 基于无人机遥感与 GIS 技术的泥石流灾害监测 . 成都：成都理工大学 .

宋开山，张柏，王宗明，等，2008. 基于小波分析的大豆叶绿素 a 含量高光谱反演模型. 植物生态学报，32(1)：152-160.

汪小钦，王苗苗，王绍强，等，2015. 基于可见光波段无人机遥感的植被信息提取 . 农业工程学报，31(5): 152-159.

王金虎，李传荣，周梅，2012. 机载全波形激光雷达数据处理及其应用 . 国外电子测量技术，31(6):71-75.

杨帆，刘蓉，卫强强，等，2018. 基于混沌优化机制的无人机航路规划方法研究 . 电子设计工程，26(12):157-161.

曾宇燕，何建农，2011. 基于区域小波统计特征的遥感图像融合方法 . 计算机工程 (19):198-200.

张久龙，李淑梅，张利群，等，2017. 无人机航测系统在农村 1 ：500 地籍测图中的应用探讨 . 测绘地理信息，42(1):69-72，77.

张巧婷，2013. 城市土地集约利用评价与对策研究——以曹县工业园区为例 . 青岛：中国海洋大学 .

张睿，2017. 小型无人机结构与控制 . 电子技术与软件工程 (1):133-134.

张艳超，2016. 农田信息低空遥感中图像采集与处理的关键技术研究 . 杭州：浙江大学 .

郑亚娟，2012.“3S”技术及其在水利信息化中的作用 . 民营科技 (7):83.

Baluja J，Diago M P，Balda P，et al，2012. Assessment of vineyard water status variability by thermal and multispectral imagery using an unmanned aerial vehicle (UAV). Irrigation Science，30(6): 511-522.

Bendig J，Bolten A，Bennertz S，et al，2014. Estimating biomass of barley using crop surface models (CSMs) derived from UAV-based RGB imaging. Remote Sensing，6(11): 10395-10412.

Elarab M，Ticlavilca A M，Torres-Rua A F，et al，2015. Estimating chlorophyll with thermal and broadband multispectral high resolution imagery from an unmanned aerial system using relevance vector machines for precision agriculture. International Journal of Applied Earth Observation and Geoinformation，43: 32-42.

Gonzalez RC，Woods RE，2010. Digital image processing. Beijing: Publishing House of Electronics Industry.

Hunt E R Jr，Doraiswamy P C，McMurtrey J E，et al，2013. A visible band index for remote sensing leaf chlorophyll content at the canopy scale. International Journal of Applied Earth Observation and Geoinformation，21: 103 - 112.

Hunt E RJr，Hively W D，Fujikawa S J，et al，2010. Acquisition of NIR-green-blue digital photographs from unmanned aircraft for crop monitoring. Remote Sensing，2(1):290-305.

Motohka T，Nasahara K N，Oguma H，et al，2010．Applicability of green-red vegetation index for remote sensing of vegetation phenology．Remote Sensing，2(10) : 2369-2387.

Primicerio J，Fiorillo E，Genesio L，et al，2012. A flexible unmanned aerial vehicle for precision agriculture.Precision Agriculture，13(4):517-523.

Quemada M，Gabriel J L，Zarco-Tejada P，2014. Airborne hyperspectral images and ground-level optical sensors as assessment tools for maize nitrogen fertilization. Remote Sensing，6(4): 2940-2962.

Shimada S，Matsumoto J，Sekiyama A，et al，2012．A new spectral index to detect Poaceae grass abundance in Mongolian grasslands．Advances in Space Research，50(9) : 1266-1273.

Soliman A，Heck R J，Brenning A，et al，2013. Remote sensing of soil moisture in vineyards using airborne and ground-based thermal inertia data. Remote Sensing，5(8): 3729-3748

Zarco-Tejada P J，Diaz-Varela R，Angileri V，et al，2014. Tree height quantification using very high resolution imagery acquired from an unmanned aerial vehicle (UAV) and automatic 3D photo-reconstruction methods. European Journal of Agronomy，55: 89-99.